Zu diesem Buch

Dieses Buch ist aus Vorlesungen entstanden, die im Fachbereich Elektrotechnik an der Fachhochschule Regensburg gehalten wurden. Es wendet sich daher in erster Linie an Studenten an Fachhochschulen. Es kann aber auch Studenten an Technischen Universitäten für ein erstes Kennenlernen der Laplace-Transformation und in der Praxis stehenden Ingenieuren für ein selbständiges Einarbeiten in dieses Gebiet von Nutzen sein. Zahlreiche durchgerechnete Beispiele und Übungsaufgaben, deren Ergebnisse im Anhang angegeben sind, sollen dem Leser dabei helfen.

Laplace-Transformation
für Ingenieure der Elektrotechnik

Von Hubert Weber
Professor an der
Fachhochschule Regensburg

6., durchgesehene Auflage
Mit 113 Bildern
und 117 Beispielen

B. G. Teubner Stuttgart 1990

Professor Hubert Weber

1931 in Frauenau geboren. 1951 bis 1955 Studium der Mathematik und der Physik in Regensburg und an der Universität Erlangen. Anschließend im Gymnasialdienst tätig. Seit 1964 Dozent am Johannes-Kepler-Polytechnikum Regensburg, seit 1971 Professor an der Fachhochschule Regensburg.

CIP-Titelaufnahme der Deutschen Bibliothek

Weber, Hubert:
Laplace-Transformation für Ingenieure der Elektrotechnik / von Hubert Weber. - 6., durchges. Aufl. - Stuttgart : Teubner, 1990
(Teubner-Studienskripten ; 141 : Elektrotechnik)
Bis 5. Aufl. als: Teubner-Studienskripten ; 69 : Elektrotechnik
ISBN 3-519-00141-1
NE: GT

Printed in Germany
Gesamtherstellung: Druckhaus Beltz, Hemsbach/Bergstraße
Umschlaggestaltung: W. Koch, Sindelfingen

Vorwort

Das in der 6. Auflage vorliegende Skriptum ist aus Vorlesungen entstanden, die ich im Fachbereich Elektrotechnik an der Fachhochschule Regensburg gehalten habe.
Die Laplace-Transformation wird dort als ein Teil der Mathematik behandelt. Vorausgesetzt werden nur Grundkenntnisse der Analysis.
Die Laplace-Transformation ist eine Funktionaltransformation, d.h. eine Originalfunktion f(t), eine Funktion im reellen Zeitbereich, wird in eine zugehörige Bildfunktion F(s) in einem komplexen Bildbereich transformiert.
Die für die Anwendungen wichtigste Eigenschaft dieser Transformation besteht darin, daß den schwierigeren Operationen des Differenzierens und Integrierens im Originalbereich einfache algebraische Operationen im Bildbereich entsprechen. Dadurch werden zum Beispiel im Originalbereich geltende lineare Differentialgleichungen zu linearen algebraischen Gleichungen des Bildbereichs.
Da die Laplace-Transformation besonders in der Elektrotechnik heute viel verwendet wird, sollte jeder Elektroingenieur Grundkenntnisse auf diesem Gebiet besitzen.
Es soll nun versucht werden, eine Einführung in die Theorie und die Anwendungen der Laplace-Transformation zu geben, die einerseits ausreicht, viele in der Praxis des Elektroingenieurs vorkommende Aufgaben zu lösen, die andererseits aber auch eine Grundlage für weitergehende Studien auf diesem Gebiet darstellt. Um dieses Ziel ohne allzu großem Aufwand erreichen zu können, wurde vielfach auf eine volle mathematische Strenge verzichtet. Die Verwendung funktionentheoretischer Methoden zur inversen Laplace-Transformation wird zwar gezeigt, aber nicht zum Prinzip der inversen Laplace-Transformation gemacht. Der Weg, die Bildfunktion in einfache Terme zu zerlegen und diese gliedweise zu übersetzen, ist praxisgerechter und zeigt die Bedeutung der Lage der Pole einer Bildfunktion für die zugehörige Zeitfunktion.

Für eine gekürzte Behandlung der Laplace-Transformation hat es sich bewährt, nach der Definition der Laplace-Transformation im Abschn. 4.1 gleich zu den Transformationsregeln überzugehen, wobei die Abschnitte 4.3.9, 4.3.13, 4.3.14 und 4.3.15 ausgelassen werden können, um schneller zu den Anwendungen der Laplace-Transformation zu gelangen.

Ich möchte mich beim Verlag und bei den Lesern der bisher erschienenen Auflagen für wertvolle Hinweise bedanken.

Regensburg, im August 1989 Hubert Weber

Inhalt

1 F o u r i e r r e i h e n

1.1 Einführung

In vielen Bereichen der Naturwissenschaften und der Technik, etwa in der Physik oder in der Elektrotechnik, haben harmonische Schwingungen, die durch die Sinusfunktion

$$f(t) = A.\sin(\omega t + \varphi) \tag{1.1}$$

beschrieben werden können, eine große Bedeutung. Hierbei ist A die Amplitude, ω die Kreisfrequenz und φ der Nullphasenwinkel der harmonischen Schwingung.

Bei der Überlagerung harmonischer Schwingungen sind zwei Fälle zu unterscheiden:

1. Überlagert man harmonische Schwingungen der <u>gleichen</u> Frequenz, so erhält man wieder eine harmonische Schwingung dieser Frequenz.
   Von dieser Tatsache wird in der Elektrotechnik ständig Gebrauch gemacht. Durch Überlagerung von sinusförmigen Wechselspannungen der gleichen Frequenz, etwa der Netzfrequenz 50 Hz erhält man wieder eine sinusförmige Wechselspannung der Frequenz 50 Hz.

2. Überlagert man harmonische Schwingungen <u>verschiedener</u> Frequenzen, so erhält man einen zwar periodischen, i. allg. jedoch nicht sinusförmigen Vorgang.

Es stellt sich jetzt die Frage, ob man umgekehrt "jede beliebige" periodische Funktion als eine Summe von harmonischen Schwingungen darstellen kann.

Diese Frage wurde von Jean Baptiste Joseph F o u r i e r (1768 - 1830) positiv beantwortet.

Die genauen Bedingungen hierfür wurden von Peter Gustav D i r i c h l e t (1805 - 1858) angegeben.

1.2 Reelle Fourierreihen

1.2.1 Grundbegriffe

Definition 1.1:

Eine Funktion f(t) heißt T-periodisch (periodisch mit der Periode T), wenn für alle t des Definitionsbereichs gilt:

$$f(t + T) = f(t) \tag{1.2}$$

Definition 1.2:

Eine T-periodische Funktion f(t) genügt den Dirichlet-bedingungen, wenn

1. f(t) beschränkt ist,
2. f(t) im Intervall $[0,T]$ höchstens endlich viele Unstetigkeitsstellen hat und
3. die Ableitung f'(t) im Intervall $[0,T]$ bis auf höchstens endlich viele Stellen stetig ist.

Eine Funktion f(t), die den Dirichlet-Bedingungen genügt, kann innerhalb einer Periodendauer in endlich viele Teilintervalle zerlegt werden, auf denen f(t) monoton und stetig verläuft. An Unstetigkeitsstellen treten nur endliche Sprunghöhen auf.
Diese Voraussetzungen sind bei den in den Anwendungen auftretenden periodischen Zeitfunktionen i. allg. erfüllt.

Satz 1.1:

Eine T-periodische Funktion, die den Dirichlet-Bedinggungen genügt, läßt sich als Fourierreihe

$$f(t) = a_o + \sum_{k=1}^{\infty} a_k \cos(k\,\omega_o t) + b_k \sin(k\,\omega_o t) \tag{1.3}$$

darstellen, wobei $\omega_o = 2\pi/T$ die Grundkreisfrequenz ist.

Gl. (1.3) läßt sich folgendermaßen physikalisch interpretieren:

Jeder periodische Vorgang kann in eine Summe von harmonischen Schwingungen zerlegt werden. Dabei treten neben der Grundfrequenz nur ganzzahlige Vielfache dieser Frequenz auf.
Man spricht in diesem Zusammenhang daher auch von Fourieranalyse, bzw. harmonischer Analyse.

Satz 1.2:

Eine Fourierreihe konvergiert an jeder Stetigkeitsstelle t_s von f(t) gegen den Funktionswert $f(t_s)$ und an einer Unstetigkeitsstelle t_u gegen das arithmetische Mittel aus dem rechts- und linksseitigen Grenzwert von f(t).

Ein Beweis für die Sätze 1.1 und 1.2 kann im Rahmen dieses Skriptums nicht gegeben werden.
Für die weiteren Überlegungen ist es zweckmäßig, durch die Substitution

$$x = \omega_o t \tag{1.4}$$

von einer T-periodischen Funktion f(t) zu einer 2π-periodischen Funktion f(x) überzugehen. Man hat dann den Vorteil, periodische Funktionen f(x) zu betrachten, die alle die gleiche Periode 2π haben.
Die Fourierreihe nach Gl. (1.3) geht damit über in die Form

$$f(x) = a_o + \sum_{k=1}^{\infty} \left[a_k \cos(kx) + b_k \sin(kx) \right] \tag{1.5}$$

1.2.2 Berechnung der Fourierkoeffizienten

Satz 1.3:

1. Für alle ganzzahligen, von Null verschiedenen k gilt:

$$\int_0^{2\pi} \sin(kx)dx = 0 \quad \text{und} \quad \int_0^{2\pi} \cos(kx)dx = 0 \tag{1.6}$$

2. Für alle ganzzahligen, von Null verschiedenen Werte k und m gilt:

$$\int_0^{2\pi} \sin(kx).\sin(mx)dx = \begin{cases} 0 & \text{für } k \neq m \\ \pi & \text{für } k = m \end{cases} \qquad (1.7)$$

$$\int_0^{2\pi} \cos(kx).\cos(mx)dx = \begin{cases} 0 & \text{für } k \neq m \\ \pi & \text{für } k = m \end{cases} \qquad (1.8)$$

$$\int_0^{2\pi} \sin(kx).\cos(mx)dx = 0 \qquad (1.9)$$

Auf den relativ einfachen Beweis der im Satz 1.3 angegebenen Integrationsformeln sei verzichtet. Wir benützen sie im folgenden als Hilfsformeln bei der Berechnung der Fourierkoeffizienten.

1. Berechnung des Fourierkoeffizienten a_o

Durch Integration der Fourierreihe nach Gl. (1.5) über eine volle Periode erhält man:

$$\int_0^{2\pi} f(x)dx = \int_0^{2\pi} a_o dx + \sum_{k=1}^{\infty} \left[a_k \int_0^{2\pi} \cos(kx)dx + b_k \int_0^{2\pi} \sin(kx)dx \right] =$$

$$= a_o.2\pi ,$$

da nach Gl. (1.6) alle Integrale der Summe den Wert Null haben. Damit ergibt sich für das konstante Glied der Fourierreihe

$$a_o = \frac{1}{2\pi} \int_0^{2\pi} f(x)dx \qquad (1.10)$$

Gl. (1.10) erlaubt eine anschauliche Interpretation des Fourierkoeffizienten a_o als linearen Mittelwert der Funktion.

In vielen einfachen Fällen kann a_o als Mittelwert von f(x) ohne Rechnung angegeben werden, da der Mittelwert der Funktion f(x) unmittelbar erkennbar ist.

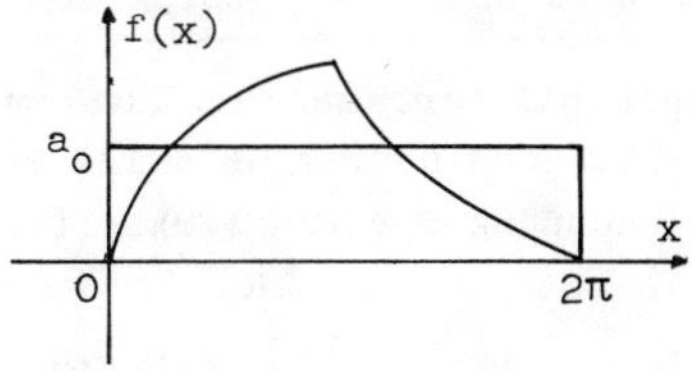

Bild 1.1 Mittelwert von f(x)

2. Berechnung der Fourierkoeffizienten a_k $(k \geqq 1)$

Ausgehend von Gl.(1.5)

$$f(x) = a_o + \sum_{m=1}^{\infty} \left[a_m \cos(mx) + b_m \sin(mx) \right] ,$$

wobei vorübergehend m als Summationsindex gewählt wurde, erhält man durch Multiplikation mit cos(kx) und anschließender Integration über eine Periode

$$\int_0^{2\pi} f(x)\cos(kx)dx = a_o \int_0^{2\pi} \cos(kx)dx + \sum_{m=1}^{\infty} a_m \int_0^{2\pi} \cos(mx)\cos(kx)dx$$

$$+ \sum_{m=1}^{\infty} b_m \int_0^{2\pi} \sin(mx)\cos(kx)dx = a_k . \pi$$

Denn nach den Gleichungen (1.6),(1.8) und (1.9) haben alle Integrale bis auf ein einziges den Werte Null. Für m = k erhält man

$$\int_0^{2\pi} \cos(kx).\cos(kx)dx = \pi$$

Daraus folgt

$$a_k = \frac{1}{\pi} \int_0^{2\pi} f(x).\cos(kx)dx \qquad (1.11)$$

3. Berechnung der Fourierkoeffizienten b_k

Multipliziert man Gl. (1.5) mit sin(kx) und integriert anschließend über eine volle Periode, so erhält man analog zur Berechnung der Fourierkoeffizienten a_k

$$b_k = \frac{1}{\pi} \int_0^{2\pi} f(x).\sin(kx)dx \tag{1.12}$$

4. Verschiebung des Integrationsintervalls

Alle bei der Berechnung der Fourierkoeffizienten auftretenden Integranden I(x), nämlich f(x), f(x).cos(kx) und auch f(x).sin(kx) sind 2π-periodische Funktionen. Es gilt daher

$$\int_0^{2\pi} J(x)dx = \int_a^{a+2\pi} J(x)dx \tag{1.13}$$

Als Integrationsintervall kann also ein beliebiges Intervall der Länge 2π gewählt werden. Insbesondere ist es für manche Funktionen f(x) günstig, anstelle des Intervalls $[0, 2\pi]$ das Intervall $[-\pi, \pi]$ zu verwenden.

5. Berechnung der Fourierkoeffizienten gerader und ungerader Funktionen

Die Berechnung der Fourierkoeffizienten einer periodischen Funktion ist einfacher, wenn die periodische Funktion f(x) eine Symmetrie besitzt.

a) f(x) sei eine gerade Funktion, d.h., es gilt $f(-x) = f(x)$

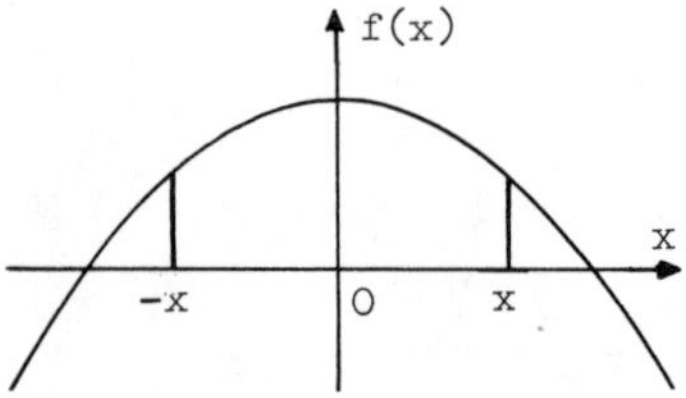

Bild 1.2 Gerade Funktion

Ist f(x) gerade, so ist auch f(x)cos(kx) eine gerade Funktion, f(x)sin(kx) dagegen ist eine ungerade Funktion. Wählt man als Integrationsintervall das Intervall $[-\pi, \pi]$, so erhält man:

$$a_o = \frac{1}{\pi} \int_0^{\pi} f(x)dx, \qquad a_k = \frac{2}{\pi} \int_0^{\pi} f(x)\cos(kx)dx, \qquad b_k = 0 \tag{1.14}$$

Die Fourierreihe einer geraden Funktion ist eine reine "Kosinusreihe". Die gerade Funktion f(x) wird durch die Kosinusfunktionen, d.h. durch den geraden Anteil der Fourierreihe dargestellt.

b) <u>f(x) ist eine ungerade Funktion: f(-x) = - f(x)</u>

Ist f(x) eine ungerade Funktion, so ist auch f(x)cos(kx) eine ungerade Funktion, während f(x)sin(kx) als Produkt von zwei ungeraden Funktionen gerade ist. Verwendet man wieder das Integrationsintervall $[-\pi, \pi]$ und berücksichtigt die entsprechenden Symmetrien, so erhält man

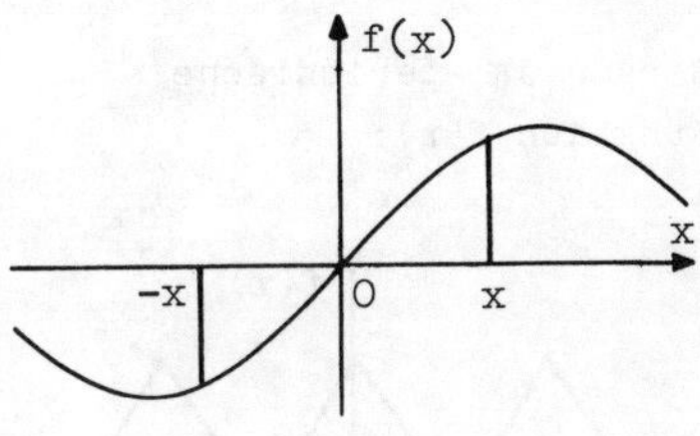

Bild 1.3 Ungerade Funktion

$$a_o = 0 \qquad a_k = 0 \qquad b_k = \frac{2}{\pi} \int_0^{\pi} f(x)\sin(kx)dx \tag{1.15}$$

Die Fourierreihe einer ungeraden Funktion enthält nur die ungeraden Sinusfunktionen.

Durch Ausnützen von vorhandenen Sysmmetrien läßt sich der Rechenaufwand zur Berechnung der Koeffizienten einer Fourierreihe also wesentlich verringern.

Übersicht

Beliebige 2π-periodische Funktion f(x):

$$a_o = \frac{1}{2\pi}\int_0^{2\pi} f(x)dx$$

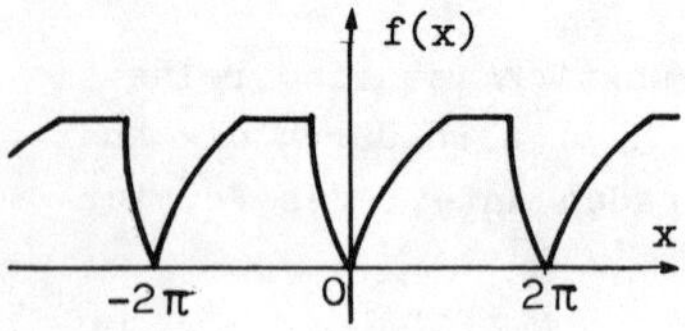

$$a_k = \frac{1}{\pi}\int_0^{2\pi} f(x)\cos(kx)dx$$

$$b_k = \frac{1}{\pi}\int_0^{2\pi} f(x)\sin(kx)dx$$

Gerade 2π-periodische Funktion f(x):

$$a_o = \frac{1}{\pi}\int_0^{\pi} f(x)dx$$

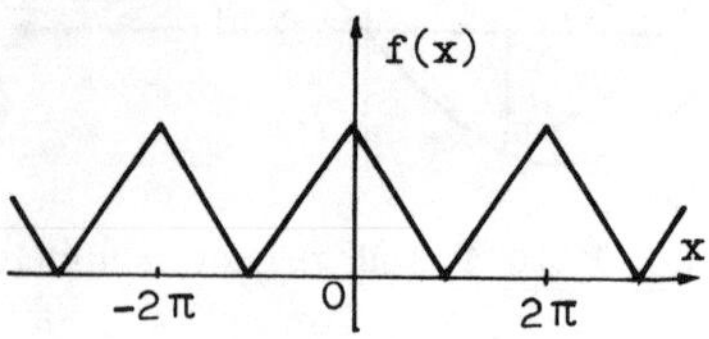

$$a_k = \frac{2}{\pi}\int_0^{\pi} f(x)\cos(kx)dx$$

$$b_k = 0$$

Ungerade 2π-periodische Funktion f(x):

$$a_o = 0$$

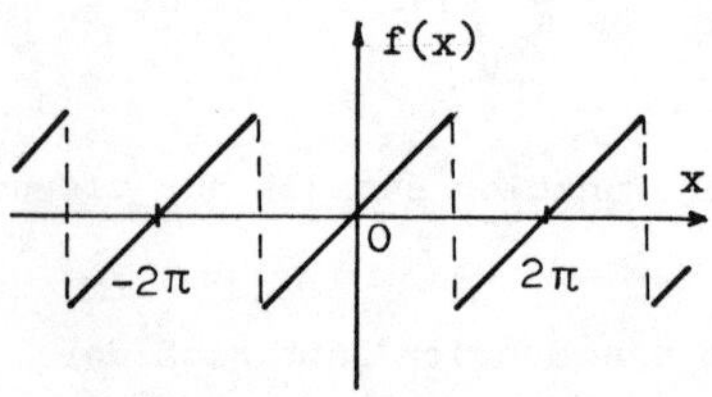

$$a_k = 0$$

$$b_k = \frac{2}{\pi}\int_0^{\pi} f(x)\sin(kx)dx$$

1.2.3 Amplitudenspektrum

Sinus- und Kosinusglieder der gleichen Frequenz können zu einem resultierenden Sinusglied zusammengefaßt werden.

$$a_k\cos(kx) + b_k\sin(kx) = A_k\sin(kx + \varphi_k)$$

$$= A_k\left[\sin(kx)\cos(\varphi_k) + \cos(kx)\sin(\varphi_k)\right]$$

Ein Koeffizientenvergleich liefert

$$A_k\cos(\varphi_k) = b_k \qquad \text{und} \qquad A_k\sin(\varphi_k) = a_k$$

Daraus folgt: $$A_k = \sqrt{a_k^2 + b_k^2} \qquad (1.16)$$

und $$\tan(\varphi_k) = a_k / b_k \qquad (1.17)$$

Stellt man die in der Phase um 90° gegeneinander verschobenen Sinus- und Kosinusschwingungen in einem Zeigerdiagramm dar, so sind die oben hergeleiteten Gleichungen unmittelbar zu erkennen.

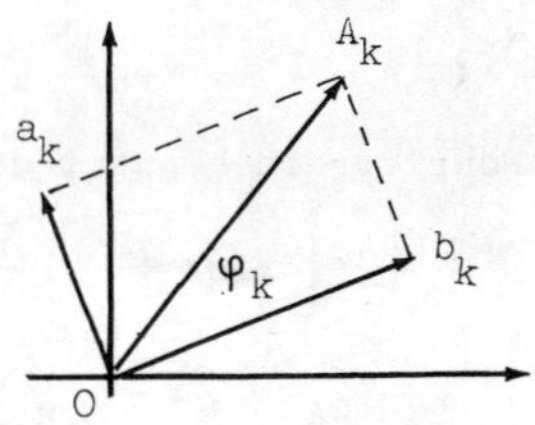

Bild 1.4 Zeigerdiagramm

Man erhält einen anschaulichen Überblick über die harmonischen Schwingungsanteile, wenn man die Amplituden A_k als Ordinaten über der Frequenz als Abszisse in einem <u>Amplitudenspektrum</u> darstellt.
Dabei ist A_k die resultierende Amplitude einer harmonischen Schwingung der k-fachen Grundfrequenz.

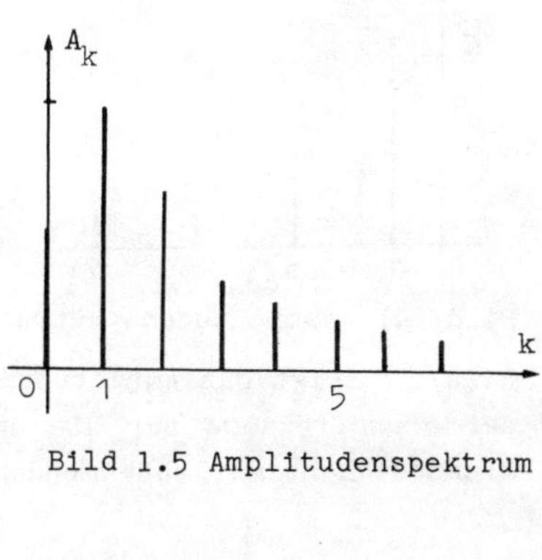

Bild 1.5 Amplitudenspektrum

<u>Beispiel 1.1:</u> Es soll die Fourierreihe der 2π-periodischen Funktion

$$f(x) = \begin{cases} -A & -\pi \leq x < 0 \\ A & 0 \leq x < \pi \end{cases}$$

bestimmt werden.

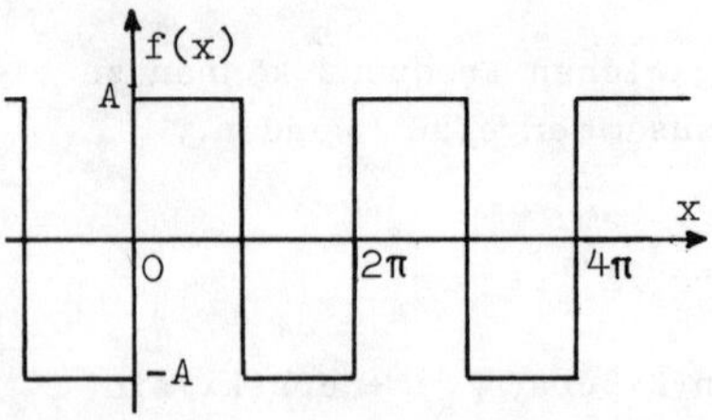

Bild 1.6 Periodische Funktion

Da die Funktion ungerade ist, sind $a_o = 0$ und $a_k = 0$. Es müssen daher nur die Fourierkoeffizienten b_k berechnet werden. Für sie gilt:

$$b_k = \frac{2}{\pi}\int_0^{\pi} f(x)\sin(kx)\,dx = \frac{2A}{\pi}\int_0^{\pi}\sin(kx)\,dx = \frac{2A}{\pi}\left[\frac{-\cos(kx)}{k}\right]_0^{\pi}$$

$$= \begin{cases} \frac{4A}{\pi k} & \text{für } k = 2n - 1 \\ 0 & \text{für } k = 2n \end{cases} \qquad n \in N$$

Die Fourierreihe lautet damit:

$$f(x) = \frac{4A}{\pi}\left[\sin x + \frac{\sin(3x)}{3} + \frac{\sin(5x)}{5} + \frac{\sin(7x)}{7} + \ldots\right]$$

$$= \frac{4A}{\pi}\sum_{m=1}^{\infty}\frac{\sin(2m-1)x}{2m-1}$$

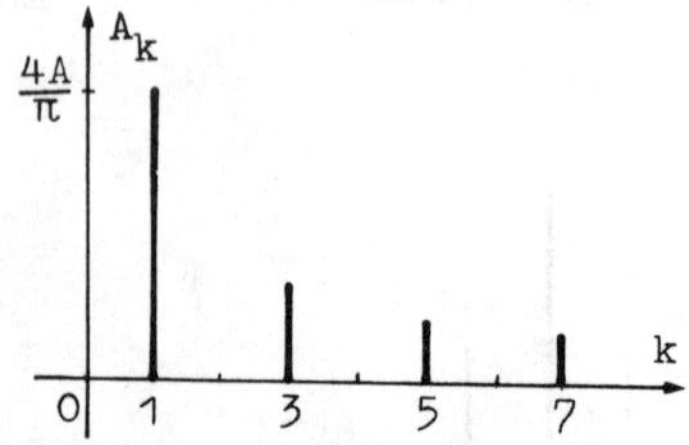

An den Unstetigkeitsstellen $x = 0, \pm\pi, \pm 2\pi, \ldots$ liefert die Fourierreihe den Wert $f(x) = 0$. Dies sind die Mittel der rechts- und linksseitigen Grenzwerte.

Bild 1.7 Amplitudenspektrum

Bild 1.7 zeigt das Amplitudenspektrum. Man erkennt, daß neben der Grundfrequenz nur die ungeradzahligen Vielfachen dieser Grundfrequenz mit abnehmenden Amplituden auftreten.

Bild 1.8 zeigt den Verlauf von f(x) und der Näherungsfunktionen

$$f_n(x) = \frac{4A}{\pi} \sum_{m=1}^{n} \frac{\sin(2m-1)x}{2m-1}$$

im Intervall von 0 bis π für a) $n = 2$ und b) $n = 20$

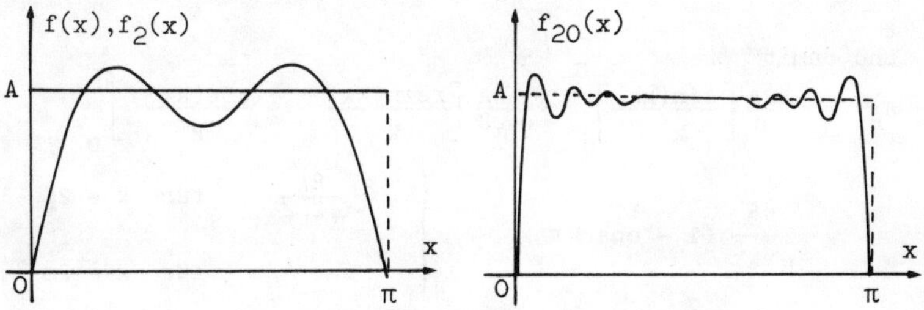

Bild 1.8 Näherungsfunktionen $f_n(x)$

An den Unstetigkeitsstellen sind auch bei größeren Werten von n die Abweichungen der Näherungsfunktionen $f_n(x)$ (endliche Fourierrierreihe) von der Funktion f(x) nicht beliebig klein. Man kann zeigen, daß für $n \to \infty$ die Höhe des ersten seitlichen Maximums den Wert 1,18.A hat (Gibb'sches Phänomen).

Beispiel 1.2: Gegeben ist die 2π-periodische Funktion f(x), die im Intervall $[-\pi, \pi]$ definiert ist durch

$$f(x) = \begin{cases} A + \frac{2A}{\pi}x & -\pi \le x < 0 \\ A - \frac{2A}{\pi}x & 0 \le x < \pi \end{cases}$$

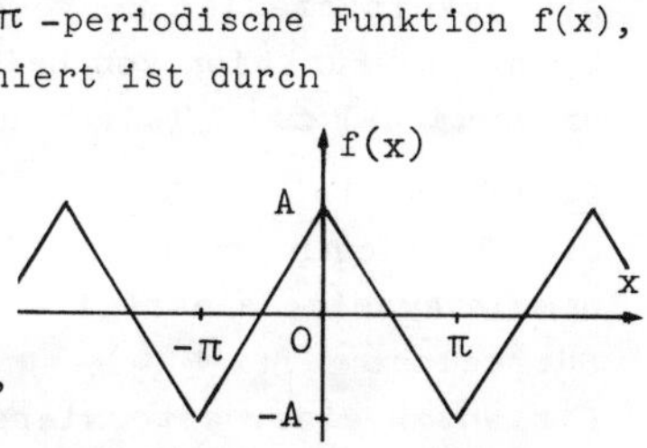

Bild 1.9 Periodische Funktion f(x)

Da f(x) eine gerade Funktion ist, gilt für alle k: $b_k = 0$

Man erkennt: $a_o = 0$ (linearer Mittelwert). Für die Fourierkoeffizienten a_k ($k \ge 1$) gilt:

$$a_k = \frac{2}{\pi}\int_0^{\pi} f(x)\cos(kx)\,dx = \frac{2A}{\pi}\int_0^{\pi}\left(1 - \frac{2}{\pi}x\right)\cos(kx)\,dx$$

Durch eine partielle Integration erhält man

$$\int x\cos(kx)\,dx = \frac{x\sin(kx)}{k} + \frac{\cos(kx)}{k^2} + C$$

und damit

$$a_k = \frac{2A}{\pi}\left[\frac{\sin(kx)}{k}\right]_0^{\pi} - \frac{4A}{\pi^2}\left[\frac{x\sin(kx)}{k} + \frac{\cos(kx)}{k^2}\right]_0^{\pi}$$

$$= \frac{4A}{\pi^2 k^2}\,(1 - \cos(k\pi)) = \begin{cases} \dfrac{8A}{\pi^2 k^2} & \text{für } k = 2m - 1 \\ 0 & \text{für } k = 2m \end{cases}$$

Damit ergibt sich folgende Fourierreihe:

$$f(x) = \frac{8A}{\pi^2}\left[\cos(x) + \frac{\cos(3x)}{9} + \frac{\cos(5x)}{25} + \frac{\cos(7x)}{49} + \ldots\right]$$

$$= \frac{8A}{\pi^2}\sum_{m=1}^{\infty}\frac{\cos(2m-1)x}{(2m-1)^2}$$

Die Fourierreihe dieser periodischen Funktion f(x) ohne Unstetigkeitsstellen konvergiert schneller als die Fourierreihe der Funktion von Beispiel 1.1, da hier die Amplituden proportional zu $1/(k^2)$ abnehmen.

Bemerkung:

Die Funktionen von Beispiel 1.1 und Beispiel 1.2 haben eine Gemeinsamkeit, sie sind sogenannte alternierende Funktionen, für welche $f(x + \pi) = - f(x)$ gilt. Für die Fourierkoeffizienten einer alternierenden periodischen Funktion läßt sich allgemein $a_o = 0$, $a_{2m} = 0$ und $b_{2m} = 0$ nachweisen, d.h. bei der Fourieranalyse einer alternierenden Funktion treten nur harmonische Schwingungen auf, deren Frequenz ungeradzahlige Vielfache der Grundfrequenz sind.

1.3 Komplexe Fourierreihe

1.3.1 Grundlagen

Verwendet man die aus dem Rechnen mit komplexen Zahlen her bekanntenen Euler'schen Gleichungen

$$e^{jkx} = \cos(kx) + j.\sin(kx) \tag{1.18}$$

bzw. $$e^{-jkx} = \cos(kx) - j.\sin(kx), \tag{1.19}$$

so erhält man durch Addition, bzw. Subtraktion der beiden Euler'schen Gleichungen

$$\cos(kx) = \frac{1}{2}\left(e^{jkx} + e^{-jkx}\right) \tag{1.20}$$

und $$\sin(kx) = \frac{1}{2j}\left(e^{jkx} - e^{-jkx}\right). \tag{1.21}$$

Die reelle Fourierreihe

$$f(x) = \sum_{k=0}^{\infty}\left[a_k\cos(kx) + b_k\sin(kx)\right]$$

geht unter Verwendung der Gleichungen (1.20) und (1.21) über in

$$f(x) = \sum_{k=0}^{\infty}\left[\frac{a_k}{2}\left(e^{jkx} + e^{-jkx}\right) + \frac{b_k}{2j}\left(e^{jkx} - e^{-jkx}\right)\right]$$

$$= \sum_{k=0}^{\infty}\left[\frac{a_k - jb_k}{2}\, e^{jkx} + \frac{a_k + jb_k}{2}\, e^{-jkx}\right]$$

$$f(x) = \sum_{k=-\infty}^{\infty} c_k.e^{jkx} \tag{1.22}$$

Die Koeffizienten c_k dieser "komplexen Fourierreihe" sind i.allg. komplexe Zahlen.

Zwischen den komplexen Fourierkoeffizienten c_k und den Koeffizienten a_k und b_k der reellen Fourierreihe bestehen für $k > 0$ die Zusammenhänge

$$c_k = \frac{a_k - jb_k}{2} \qquad (1.23)$$

und $\quad a_k = 2\,\mathrm{Re}\,c_k \quad$ bzw. $\quad b_k = -2\,\mathrm{Im}\,c_k$ (1.24)

Ist die 2π-periodische Funktion f(x) eine gerade Funktion, ($b_k = 0$ für alle k), so sind die Fourierkoeffizienten c_k reell. Im Falle einer ungeraden 2π - periodischen Funktion f(x) ($a_k = 0$ für alle k), sind die Fourierkoeffizienten c_k rein imaginäre Zahlen.

1.3.2 Berechnung der komplexen Fourierkoeffizienten c_k

Multipliziert man die komplexe Fourierreihe

$$f(x) = \sum_{m=-\infty}^{\infty} c_m e^{jmx}$$

mit dem Faktor e^{-jkx} und integriert anschließend über eine Periode, so erhält man

$$\int_0^{2\pi} f(x)e^{-jkx}\,dx = \sum_{m=-\infty}^{\infty} c_m \int_0^{2\pi} e^{j(m-k)x}\,dx$$

Dabei gilt:

$$\int_0^{2\pi} e^{j(m-k)x}dx = \begin{cases} \left[\dfrac{e^{j(m-k)x}}{j(m-k)}\right]_0^{2\pi} = 0 & \text{für } m \neq k \\ 2\pi & \text{für } m = k \end{cases}$$

Wir erhalten also

$$\int_0^{2\pi} f(x)e^{-jkx}dx = 2\pi c_k$$

und daraus schließlich

$$c_k = \frac{1}{2\pi}\int_0^{2\pi} f(x)e^{-jkx}dx \qquad (1.25)$$

Als Integrationsintervall kann auch das Intervall $[-\pi, \pi]$ gewählt werden. Für k = 0 ergibt sich:

$$c_o = \frac{1}{2\pi}\int_0^{2\pi} f(x)dx = a_o \quad \text{(linearer Mittelwert)} \tag{1.26}$$

Beispiel 1.3: Es soll die Fourierreihe der 2π- periodischen Funktion

$$f(x) = \begin{cases} 0 & \text{für } -\pi \le x < 0 \\ x & \text{für } 0 \le x < \pi \end{cases}$$

berechnet werden.

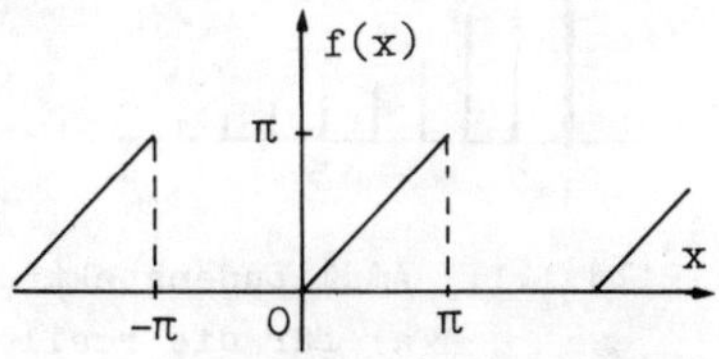

Bild 1.10 Periodische Funktion f(x) von Beispiel 1.3

Wir erhalten als linearen Mittelwert der Funktion f(x)

$$c_o = a_o = \pi/4$$

Für $k \ge 1$ erhält man durch eine partielle Integration

$$c_k = \frac{1}{2\pi}\int_0^{\pi} x.e^{-jkx}dx = \frac{1}{2\pi}\left[-\frac{x}{jk}e^{-jkx} + \frac{1}{k^2}e^{-jkx}\right]_0^{\pi}$$

a) Für gerade Zahlen k = 2n ($n \in N$) ist $e^{-jk\pi} = 1$ und damit

$$c_k = j/(2k) \longrightarrow a_k = 0 \quad \text{und} \quad b_k = -2\mathrm{Im}\, c_k = -1/k$$

b) Für ungerade Zahlen k = 2n - 1 ist $e^{-jk\pi} = -1$ und damit

$$c_k = -\frac{1}{\pi k^2} - \frac{j}{2k} \longrightarrow a_k = -\frac{2}{\pi k^2} \quad \text{und} \quad b_k = 1/k$$

Reelle Fourierreihe:

$$f(x) = \frac{\pi}{4} + \sum_{k=1}^{\infty}\left[(-1)^{k+1}\frac{\sin(kx)}{k} - \frac{2}{\pi}\cdot\frac{\cos(2k-1)x}{(2k-1)^2}\right]$$

Komplexe Fourierreihe:

$$f(x) = \frac{\pi}{4} + \sum_{\substack{k=-\infty \\ k \neq 0}}^{\infty} \left[\frac{j}{4k} e^{j2kx} - \left(\frac{1}{4\pi k^2} + \frac{j}{4k} \right) e^{j(2k-1)x} \right]$$

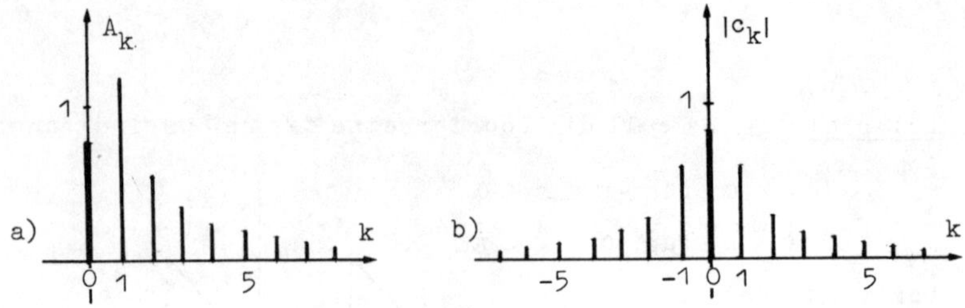

Bild 1.11 Amplitudenspektrum
a) für die reelle FR b) für die komplexe FR

Zwischen den Amplituden der reellen und der komplexen Fourierreihe bestehen die Zusammenhänge:

$$|c_{-k}| = |c_k| , \quad 2|c_k| = A_k \quad \text{und} \quad c_o = a_o \tag{1.26}$$

<u>Übungsaufgaben zum Abschnitt 1</u> (Lösungen im Anhang)

<u>Beispiel 1.4:</u>

Man berechne die Fourierkoeffizienten der in Bild 1.12 skizzierten 2π-periodischen Funktion f(x).

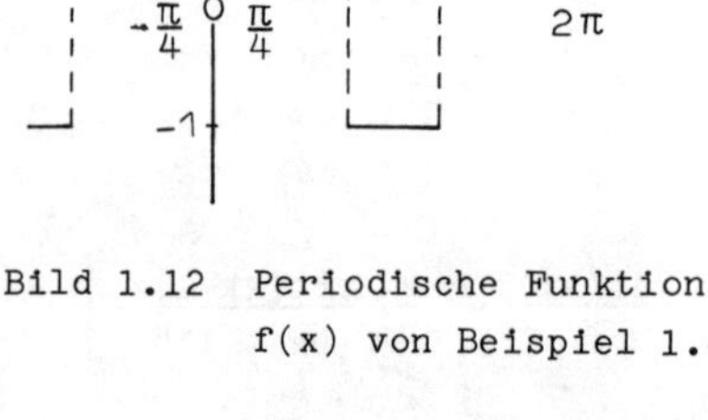

Bild 1.12 Periodische Funktion f(x) von Beispiel 1.4

Beispiel 1.5:

Man berechne die Fourierreihe der 2π-periodischen Funktion, die im Intervall $[0,2\pi]$ durch

$$f(x) = x/(2\pi)$$

definiert ist.

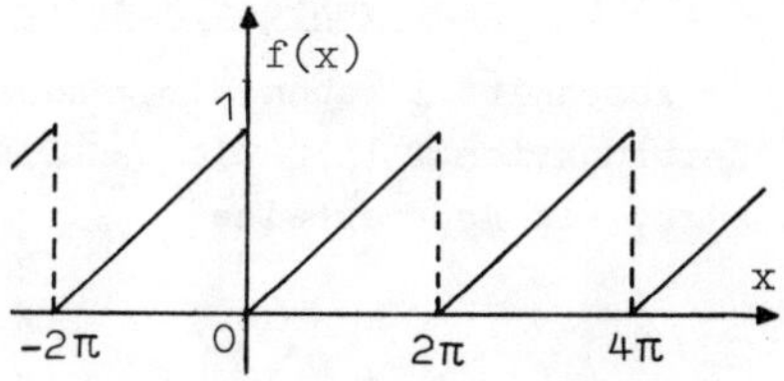

Bild 1.13 "Sägezahnkurve"

Beispiel 1.6:

Es soll die Fourierreihe der 2π-periodischen Funktion f(x) bestimmt werden, die im Intervall $[-\pi,\pi]$ durch

$$f(x) = \begin{cases} A.\cos x, & -\frac{\pi}{2} \le x \le \frac{\pi}{2} \\ 0 & \text{sonst} \end{cases}$$

definiert ist.

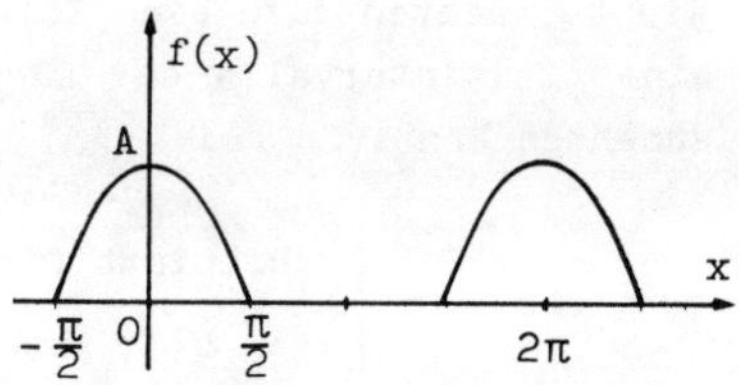

Bild 1.14 "Einweggleichrichtung"

2 Fourierintegral

2.1 Übergang von der Fourierreihe zum Fourierintegral

Im Abschnitt 1 haben wir gesehen, daß eine T - periodische Zeitfunktion $f_p(t)$, die den Dirichlet'schen Bedingungen genügt, als Fourierreihe

$$f_p(t) = a_o + \sum_{k=1}^{\infty} \left[a_k \cos(k\,\omega_o t) + b_k \sin(k\,\omega_o t) \right] \tag{2.1}$$

darstellbar ist. Es ist dies die Zerlegung eines periodischen Vorgangs in eine Summe von harmonischen Schwingungen, anschaulich charakterisiert durch ein diskontinuierliches Amplitudenspektrum.
Es stellt sich nun die Frage, ob auch eine <u>nichtperiodische</u> Funktion in harmonische Schwingungen zerlegt werden kann.
Wir betrachten dazu eine Zeitfunktion f(t), die nur innerhalb eines Zeitintervalls der Länge T von Null verschiedene Werte annehmen kann. Es sei

$$f(t) = \begin{cases} \text{definiert für} & -\frac{T}{2} \leq t \leq \frac{T}{2} \\ 0 & \text{sonst} \end{cases} \tag{2.2}$$

Durch periodisches Fortsetzen von f(t) entsteht eine periodische Funktion $f_p(t)$, für welche die komplexe Fourierreihe

$$f_p(t) = \sum_{k=-\infty}^{\infty} c_k \, e^{jk\,\omega_o t} \tag{2.3}$$

mit der Grundkreisfrequenz $\omega_o = 2\pi/T$ und den komplexen Fourierkoeffizienten

$$c_k = \frac{1}{T} \int_{-T/2}^{T/2} f_p(t)\, e^{-jk\,\omega_o t}\, dt \tag{2.4}$$

existiert. Wegen $f_p(t) = f(t)$ im Intervall $\left[-\frac{T}{2}, \frac{T}{2}\right]$, kann in Gl. (2.4) $f_p(t)$ durch $f(t)$ ersetzt werden.
Die in Abschnitt 1.2.1 eingeführte Variable x wurde hierbei wieder durch $\omega_o t$, die Periodendauer 2π durch T ersetzt.

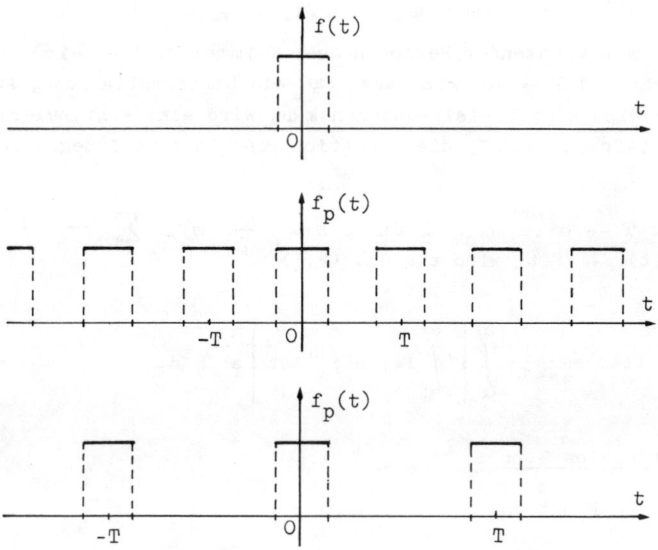

Bild 2.1 a) Nichtperiodische Funktion f(t),
b) periodische Funktion $f_p(t)$,
c) $f_p(t)$ bei Vergrößerung der Periodendauer T

Bild 2.1 zeigt eine nichtperiodische Funktion f(t) und die zugehörige periodische Funktion $f_p(t)$ bei verschiedenen Werten der Periodendauer T.
Man erkennt, daß im Grenzfall $T \rightarrow \infty$ aus $f_p(t)$ eine nichtperiodische Funktion wird.
Verwendet man Gl. (2.4) und $1/T = \omega_o/(2\pi)$, so erhält die komplexe Fourierreihe für die periodische Funktion $f_p(t)$ folgende Form:

$$f_p(t) = \frac{1}{2\pi} \sum_{k=-\infty}^{\infty} \left[\int_{-T/2}^{T/2} f(t) e^{-jk\omega_o t} dt \right] \omega_o e^{jk\omega_o t} \qquad (2.5)$$

Die den einzelnen Gliedern der Fourierreihe entsprechenden harmonischen Schwingungen haben einen Kreisfrequenzabstand

$$\Delta\omega = \omega_o = 2\pi/T,$$

der mit wachsender Periodendauer T immer kleiner wird. Im Grenzfall $T \rightarrow \infty$ wird aus ω_o ein Differential $d\omega$, aus den diskreten Kreisfrequenzen $k\,\omega_o$ wird eine kontinuierliche Kreisfrequenz ω, die Summation geht in eine Integration über.

Mit $T \rightarrow \infty$, $\omega_o \rightarrow d\omega$, $k \cdot \omega_o \rightarrow \omega$, $\sum \rightarrow \int$ und $f_p(t) \rightarrow f(t)$ wird aus Gl. (2.5):

$$f(t) = \frac{1}{2\pi} \int_{-\infty}^{\infty} \left[\int_{-\infty}^{\infty} f(t) e^{-j\omega t} dt \right] e^{j\omega t} d\omega \qquad (2.6)$$

Definition 2.1:

> Die Funktion
>
> $$F(\omega) = \int_{-\infty}^{\infty} f(t) e^{-j\omega t} dt \qquad (2.7)$$
>
> heißt Spektralfunktion.

Satz 2.1:

> Ist die Zeitfunktion f(t) absolut integrierbar, d.h. gilt
>
> $$\int_{-\infty}^{\infty} |f(t)|\, dt < \infty, \qquad (2.8)$$
>
> so existiert die zugehörige Spektralfunktion $F(\omega)$.

Die Aussage des Satzes 2.1 ist eine hinreichende, keine notwendige Bedingung für die Existenz der Spektralfunktion. Das uneigentliche Integral von Gl. (2.7) konvergiert wegen $|e^{-j\omega t}| = 1$ sogar absolut, wenn

$$\int_{-\infty}^{\infty} |f(t)e^{-j\omega t}|\, dt = \int_{-\infty}^{\infty} |f(t)|dt < \infty \qquad \text{gilt.}$$

Mit Gl. (2.6) und Satz 2.1 erhält man

Satz 2.2:

Für eine absolut integrierbare Zeitfunktion f(t) existiert folgende Fourierintegraldarstellung

$$f(t) = \frac{1}{2\pi}\int_{-\infty}^{\infty} F(\omega).e^{j\omega t}d\omega \qquad (2.9)$$

(komplexes Fourierintegral).

Wir haben gesehen, daß sich auch eine nichtperiodische Funktion f(t) in harmonische Schwingungen auflösen läßt. Im Gegensatz zu einer periodischen Funktion, bei der nur ganzzahlige Vielfache einer Grundkreisfrequenz ω_o auftreten können, existiert hier ein kontinuierliches Schwingungsspektrum, dessen spektrale Verteilung durch die Spektralfunktion $F(\omega)$ beschrieben wird.
Anstelle einer Fourierreihe erhält man das Fourierintegral. Die Zeitfunktion f(t) ergibt sich dabei als Integral über das kontinuierliche Schwingungsspektrum.
Dieses Zerlegen eines zeitlichen Vorgangs in harmonische Schwingungen, das Arbeiten im Frequenzbereich, ist für viele Anwendungen, gerade auch in der Elektrotechnik, überaus wichtig.

2.2 Eigenschaften des Fourierintegrals

Es sollen im folgenden einige Eigenschaften des Fourierintegrals gezeigt werden. Dabei werden deutliche Analogien zur Fourierreihe sichtbar.
Da die Spektralfunktion $F(\omega)$ i. allg. eine komplexwertige Funktion ist, sie wird auch als komplexe Amplitudendichte bezeichnet, kann sie in einen Realteil ($\mathrm{Re}\, F(\omega)$) und in einen Imaginärteil ($\mathrm{Im} F(\omega)$) zerlegt und in Komponenetenform

$$F(\omega) = \mathrm{Re}\, F(\omega) + j \mathrm{Im}\, F(\omega) \qquad (2.10)$$

angegeben werden.

Satz 2.3:

Ist $f(t)$ eine reellwertige Funktion, so ist der Realteil der zugehörigen Spektralfunktion $F(\omega)$ eine gerade, der Imaginärteil eine ungerade Funktion.

Beweis:

Wegen $e^{-j\omega t} = \cos(\omega t) - j\sin(\omega t)$ folgt mit Gl. (2.7):

$$F(\omega) = \int_{-\infty}^{\infty} f(t)\cos(\omega t)dt - j \int_{-\infty}^{\infty} f(t)\sin(\omega t)dt$$

und daraus, da $f(t)$ reellwertig ist:

$$\mathrm{Re}\, F(\omega) = \int_{-\infty}^{\infty} f(t)\cos(\omega t)dt \qquad (2.11)$$

$$\mathrm{Im}\, F(\omega) = -\int_{-\infty}^{\infty} f(t)\sin(\omega t)dt \qquad (2.12)$$

Ersetzt man in den Gleichungen (2.11) bzw. (2.12) die Variable ω durch $-\omega$, so erkennt man unmittelbar, daß

$$\text{Re } F(-\omega) = \text{Re } F(\omega) \quad \text{und} \quad \text{Im } F(-\omega) = -\text{Im } F(\omega)$$

gilt, da $\cos(\omega t)$ eine gerade und $\sin(\omega t)$ eine ungerade Funktion ist.

Mit $F(\omega) = \text{Re } F(\omega) + j\text{Im } F(\omega)$ und $e^{j\omega t} = \cos(\omega t) + j\sin(\omega t)$ geht das komplexe Fourierintegral nach Gl. (2.9) über in

$$f(t) = \frac{1}{2\pi}\left\{\int_{-\infty}^{\infty}\left[\text{Re } F(\omega)\cos(\omega t) - \text{Im } F(\omega)\sin(\omega t)\right]d\omega \right. +$$

$$\left. + j\int_{-\infty}^{\infty}\left[\text{Re } F(\omega)\sin(\omega t) + \text{Im } F(\omega)\cos(\omega t)\right]d\omega\right\}$$

Da f(t) als reellwertig vorausgesetzt wird, hat das zweite Integral den Wert Null. Man erkennt dies auch daran, daß der Integrand des zweiten Integrals eine ungerade Funktion ist. Berücksichtigt man noch, daß beim ersten Integral über eine gerade Funktion integriert wird, so erhält man die folgende <u>Reelle Form des Fourierintegrals:</u>

$$f(t) = \frac{1}{\pi}\int_{0}^{\infty}\left[\text{Re } F(\omega)\cos(\omega t) - \text{Im } F(\omega)\sin(\omega t)\right]d\omega \qquad (2.13)$$

(reelles Fourierintegral)

Ist f(t) eine <u>gerade Funktion</u>, so ist nach Gl.(2.12) der Imaginärteil der Spektralfunktion Null und Gl.(2.13) geht über in

$$f(t) = \frac{1}{\pi}\int_{0}^{\infty}\text{Re } F(\omega)\cos(\omega t)\,d\omega \qquad (2.14)$$

Ist die Zeitfunktion f(t) eine <u>ungerade Funktion</u>, so ist der Realteil der Spektralfunktion Null. Das reelle Fourierintegral lautet dann

$$f(t) = -\frac{1}{\pi}\int_0^{\infty} \text{Im } F(\omega)\sin(\omega t)d\omega \qquad (2.15)$$

Man erkennt eine deutliche Analogie zur Fourierreihe einer periodischen Zeitfunktion. Die Fourierreihe einer geraden periodischen Funktion enthält nur Kosinusglieder, die einer ungeraden Funktion nur Sinusglieder. Entsprechend ist das Fourierintegral einer geraden nichtperiodischen Zeitfunktion ein Integral über ein kontinuierliches Spektrum von Kosinusschwingungen, das einer ungeraden nichtperiodischen Zeitfunktion ein Integral über ein kontinuierliches Spektrum von Sinusschwingungen.

Ohne Beweis sei abschließend erwähnt, daß an Unstetigkeitsstellen von f(t) das Fourierintegral, wie die Fourierreihe, zum arithmetischen Mittel aus dem rechts- und linksseitigen Grenzwert der Zeitfunktion f(t) führt.

Beispiel 2.1:

Man berechne die Spektralfunktion $F(\omega)$ der Zeitfunktion

$$f(t) = \begin{cases} e^{-at} & \text{für } t \geq 0 \\ & (a > 0) \\ 0 & \text{für } t < 0 \end{cases}$$

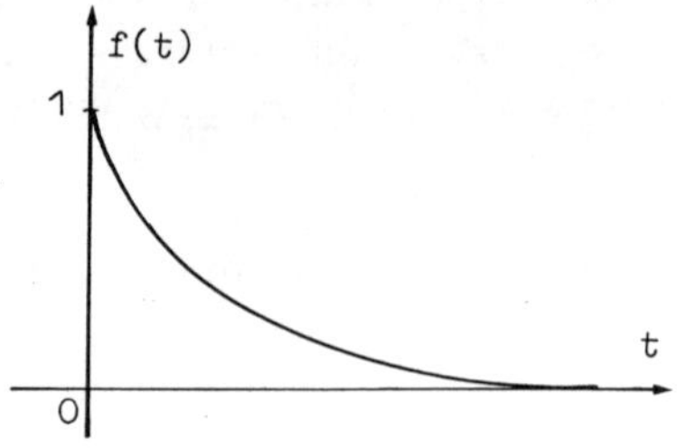

Bild 2.2: Zeitfunktion f(t)

$$F(\omega) = \int_{-\infty}^{\infty} f(t)e^{-j\omega t}dt = \int_0^{\infty} e^{-(a+j\omega)t}\,dt =$$

$$= \left[\frac{e^{-(a+j\omega)t}}{-(a+j\omega)}\right]_0^{\infty} = \frac{1}{a+j\omega} = \frac{a-j\omega}{a^2+\omega^2}$$

Bild 2.3 zeigt den Verlauf des Realteiles und des Imaginärteiles der Spektralfunktion $F(\omega)$.

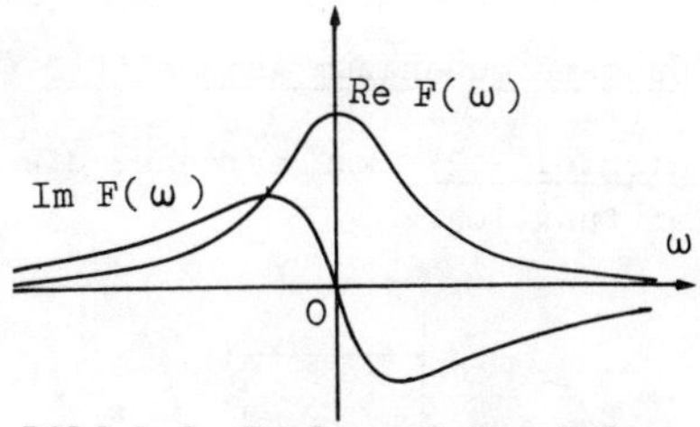

Bild 2.3 Real- und Imaginärteil von $F(\omega)$

Beispiel 2.2:

Es sei

$$F(\omega) = \begin{cases} A & \text{für } -\omega_o \leq \omega \leq \omega_o \\ 0 & \text{sonst} \end{cases}$$

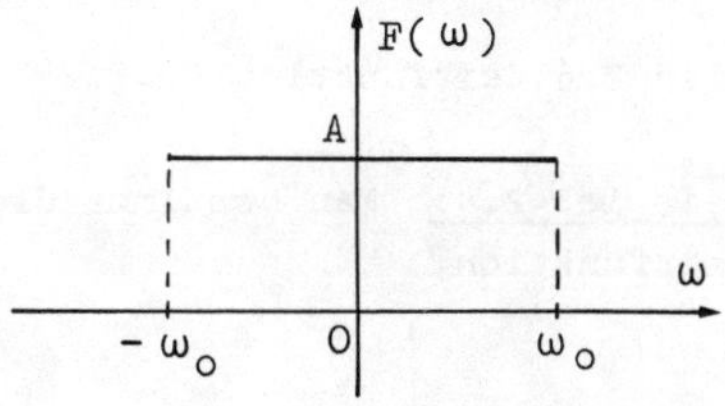

Man berechne die zugehörige Zeitfunktion $f(t)$.

Bild 2.4 Spektralfunktion

Die Spektralfunktion ist reellwertig ($\mathrm{Im}\, F(\omega) = 0$). Die zugehörige Zeitfunktion ist daher eine gerade Funktion und es folgt mit Gl. (2.14):

$$f(t) = \frac{A}{\pi} \int_0^{\omega_o} \cos(\omega t)\, d\omega = \frac{A}{\pi} \left[\frac{\sin(\omega t)}{t} \right]_0^{\omega_o} =$$

$$= \frac{A}{\pi} \cdot \frac{\sin(\omega_o t)}{t}$$

Für $t = 0$ ist $f(t)$ nicht definiert. Es existiert aber der Grenzwert

$$\lim_{t \to 0} f(t) = A\omega_o / \pi$$

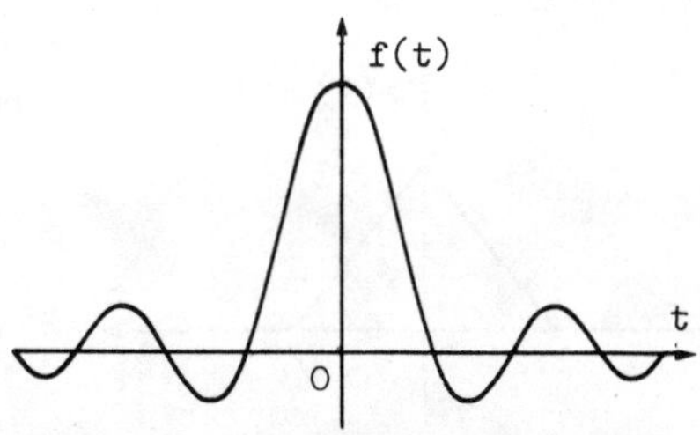

Bild 2.5 Zeitfunktion f(t)

Übungsaufgaben zum Abschnitt 2 (Lösungen im Anhang)

Beispiel 2.3: Man berechne die Spektralfunktion $F(\omega)$ zur Zeitfunktion

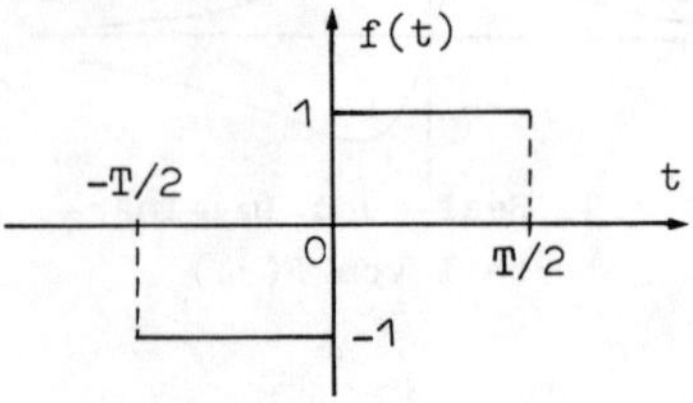

$$f(t) = \begin{cases} -1 \text{ für } & -T/2 \leq t < 0 \\ 1 \text{ für } & 0 \leq t < T/2 \\ 0 \text{ sonst} & \end{cases}$$

Bild 2.6 Zeitfunktion f(t)

Beispiel 2.4: Man bestimme die Spektralfunktion $F(\omega)$ zur Zeitfunktion

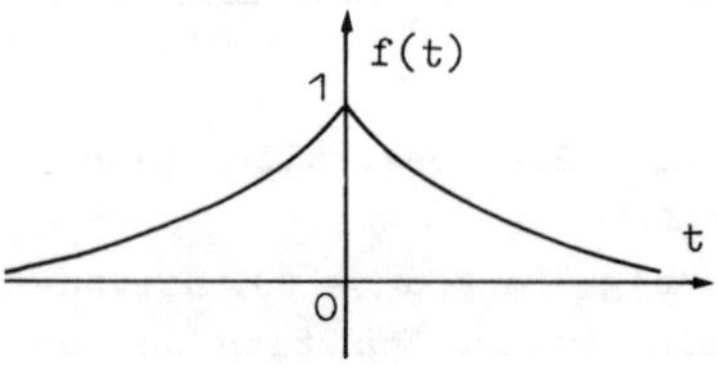

$$f(t) = e^{-a|t|} \qquad (a > 0)$$

Bild 2.7 Zeitfunktion f(t)

Beispiel 2.5: Man berechne für die Zeitfunktion

$$f(t) = \begin{cases} U + 2Ut/T & \text{für } -T/2 \leq t < 0 \\ U - 2Ut/T & \text{für } \quad 0 \leq t < T/2 \\ 0 \text{ für alle übrigen Zeitpunkte} & \end{cases}$$

die Spektralfunktion $F(\omega)$ und ihre reelle Fourierintegraldarstellung.

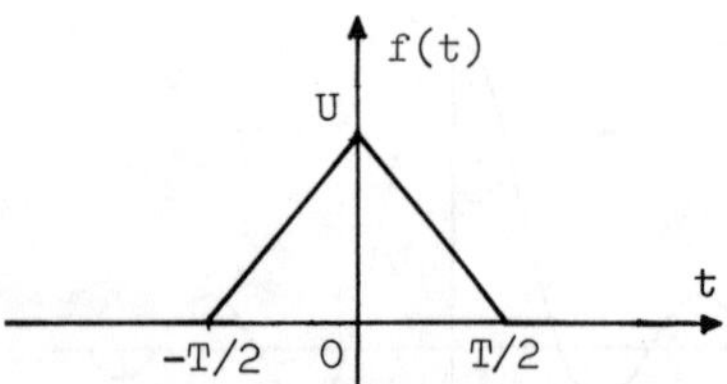

Bild 2.8 Zeitfunktion von Beispiel 2.5

3 Fouriertransformation

3.1 Definition der Fouriertransformation

Durch Gl. (2.7) wird einer bestimmten Klasse von Zeitfunktionen, für welche das Integral konvergiert, eine Spektralfunktion $F(\omega)$ zugeordnet. Eine derartige Zuordnung heißt auch Transformation.

Definition 3.1:

a) Die durch die Gleichung

$$F(\omega) = \int_{-\infty}^{\infty} f(t) e^{-j\omega t} dt \tag{2.7}$$

bestimmte Transformation, heißt **Fouriertransformation.**

b) Die Menge der Originalfunktionen f(t), für welche $F(\omega)$ existiert, heißt **Originalraum.**

c) Die Menge der Bildfunktionen $F(\omega)$ heißt **Bildraum** der Fouriertransformation.

Die Originalfunktion f(t) geht durch die Fouriertransformation in die Bildfunktion $F(\omega)$ über.

Originalfunktion f(t)	Fouriertransformation →	Bildfunktion $F(\omega)$

Da $F(\omega)$ durch Fouriertransformation aus der Zeitfunktion f(t) erhalten wird, heißt $F(\omega)$ auch **Fouriertransformierte** der Funktion f(t). Dieser Zusammenhang wird symbolisch durch

$$F(\omega) = F\left\{f(t)\right\} \tag{3.1}$$

ausgedrückt.

Mit Gl. (2.9) kann bei bekannter Fouriertransformierter $F(\omega)$ die Zeitfunktion f(t) bestimmt werden.

<u>Definition 3.2:</u>

Die durch die Gleichung

$$f(t) = \frac{1}{2\pi}\int_{-\infty}^{\infty} F(\omega)e^{j\omega t}d\omega \tag{2.9}$$

definierte Transformation, heißt <u>inverse Fouriertransformation.</u>

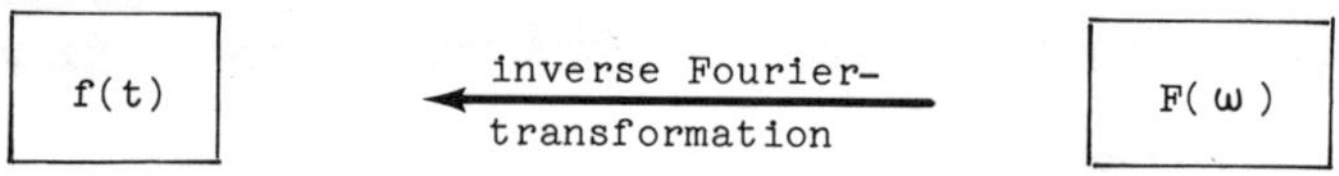

Die Zeitfunktion f(t) erhält man durch inverse Fouriertransmation aus $F(\omega)$, symbolisch ausgedrückt durch

$$f(t) = F^{-1}\left\{F(\omega)\right\} \tag{3.2}$$

Das folgende Beispiel soll zeigen, daß schon für eine einfache Zeitfunktion die Fouriertransformation nicht ohne weiteres durchgeführt werden kann.

<u>Beispiel 3.1:</u>

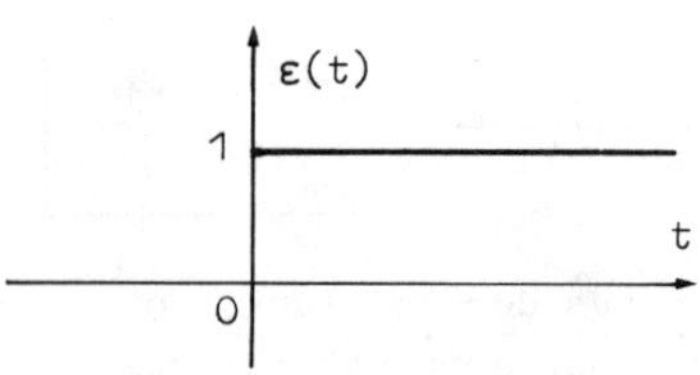

Man bestimme die Fouriertransformierte der "Sprungfunktion"

$$\varepsilon(t) = \begin{cases} 1 & \text{für } t > 0 \\ 0 & \text{für } t < 0 \end{cases}$$

Bild 3.1 Sprungfunktion

Mit Gl. (2.7) erhält man

$$F(\omega) = F\left\{\varepsilon(t)\right\} = \int_0^{\infty} e^{-j\omega t}dt = \left[\frac{e^{-j\omega t}}{-j\omega}\right]_0^{\infty} =$$

$$F(\omega) = \left[-\frac{1}{j\omega} e^{-j\omega t} \right]_{t \to \infty} + \frac{1}{j\omega}$$

Da $e^{-j\omega t} = \cos(\omega t) - j\sin(\omega t)$ für $t \to \infty$ nicht definiert ist, kann man auf diese Weise die Fouriertransformierte der Sprungfunktion nicht erhalten. Die Sprungfunktion ist nicht absolut integrierbar. Sie erfüllt daher nicht die im Satz 2.2 angegebene hinreichende Bedingung für die Existenz einer Spektralfunktion.

Für $a \to 0$ geht die im Beispiel 2.1 betrachtete Zeitfunktion

$$f(t) = \begin{cases} e^{-at} & \text{für } t \geq 0 \\ 0 & \text{für } t < 0 \end{cases} \qquad (a > 0)$$

in die Sprungfunktion über. Mit dem Ergebnis von Beispiel 2.1

$$F(\omega) = \frac{1}{a + j\omega}$$

erhält man im Grenzfall $a \to 0$ für die Fouriertransformierte der Sprungfunktion

$$F(\omega) = 1/(j\omega).$$

Dieser Weg ist aber schon deshalb nicht befriedigend, weil sich damit für die inverse Fouriertransformation

$$\varepsilon(t) = \int_{-\infty}^{\infty} \frac{1}{j\omega} e^{j\omega t} d\omega$$

ergibt und diese Darstellung für $\omega = 0$ nicht definiert ist. Die Menge der Zeitfunktionen, für die eine Fouriertransformierte existiert, kann dadurch erweitert werden, daß man den Funktionsbegriff der klassischen Analysis durch die Hinzunahme der Dirac'schen Deltafunktion (s.Abschn. 4.3.4) als verallgemeinerte Funktion erweitert.

Als Fouriertransformierte der Sprungfunktion eribt sich dann

$$F(\omega) = \begin{cases} \pi\delta(\omega) & \text{für } \omega = 0 \\ 1/(j\omega) & \text{für } \omega \neq 0 \end{cases}$$

3.2 Diskrete Fouriertransformation (DFT) und schnelle Fouriertransformation (FFT)

In den vorhergehenden Abschnitten haben wir die Fouierreihen periodischer Zeitfunktionen und die Fouriertransformation von koninuierlichen nichtperiodischen Zeitfunktionen betrachtet. Die Berechnung der Fourierreihe kann man als eine Operation auffassen, die einer periodischen Funktion $f_p(t)$ eine Folge von komplexen Fourierkoeffizienten c_k zuordnet. Die Fouriertransformation ordnet einer kontinuierlichen nichtperiodischen Funktion f(t) eine Fouriertransformierte $F(\omega)$ zu.
In beiden Fällen müssen Integrale bestimmt werden. Dies ist jedoch nur dann möglich, wenn die betrachtete Zeitfunktion in einer analytischen Form gegeben ist, die hinreichend einfach ist, sodaß die auftretenden Integrale auch berechnet werden können. In der Praxis ist dies nicht immer der Fall.
Um nun in solchen Fällen den Computer, also eine digitale Rechenanlage, als Hilfsmittel einsetzen zu können, muß die kontinuierliche Funktion digitalisiert werden. Die Funktion wird abgetastet und durch eine endliche Folge von Funktionswerten beschrieben.
Wir kommen damit von der schon besprochenen kontinuierlichen Fouriertransformation (FT) zur diskreten Fouriertransformation (DFT). Integrationen gehen dadurch in Summationen über, die von digitalen Rechenanlagen ausgeführt werden können.
Die schnelle Fouriertransformation (Fast Fourier Transform) ist ein Algorithmus, der konsequent alle Symmetrien der diskreten Fouriertransformation ausnützt. Die diskrete Fouriertransformation und ihre inverse Transformation werden extrem schnell durchführbar.
Durch diese schnelle Fouriertransformation und den Einsatz schneller Rechner wurden der Fouriertransformation viele interssante Anwendungsgebiete erschlossen.
Da das Thema dieses Skriptums die Laplace-Transformation ist, kann auf die diskrete und den Algorithmus der schnellen Fouriertransformation hier nicht weiter eingegangen werden.

4 Laplace - Transformation

4.1 Definition der Laplace-Transformation

Da in der Elektrotechnik immer nur Zeitfunktionen von einem Zeitpunkt $t = 0$ (z.B. dem Schaltzeitpunkt) an interessieren, auch wenn Anfangsbedingungen (z.B. Spannungen an Kondensatoren) aus der Vergangenheit des Systems resultieren, wollen wir im Rahmen der Laplace-Transformation nur kausale Zeitfunktionen betrachten.

Definition 4.1:

> Eine Funktion $f(t)$ heißt kausale Zeitfunktion, wenn für alle Zeitpunkte $t < 0$ gilt: $f(t) = 0$.

Betrachten wir nur kausale Zeitfunktionen, so können wir die folgende Definition der einseitigen Laplace-Transformation geben, bei der die Integration über den Zeitbereich mit der unteren Grenze bei $t = 0$ beginnt.

Definition 4.2:

> Unter der Laplace-Transformierten der kausalen Zeitfunktion $f(t)$ versteht man die durch die Funktionaltransformation
>
> $$F(s) = \int_0^\infty f(t).e^{-st}dt \qquad (4.1)$$
>
> definierte Funktion $F(s)$. Hierbei ist $s = \sigma + j\omega$ eine komplexe Variable.

Im Unterschied zu der im Abschn. 3 behandelten Fouriertransformation ist der dort rein imaginäre Exponent des Exponentialfaktors durch einen komplexen Exponenten ersetzt worden. Wir werden sehen, daß gerade dadurch die Konvergenz des durch die Gl. (4.1) definierten Laplace-Integrals für alle in der Praxis vorkommenden Zeitfunktionen erreicht werden kann.

Das Laplace-Integral

$$\int_0^\infty f(t).e^{-st}dt = \int_0^\infty f(t).e^{-\sigma t}e^{-j\omega t}dt$$

konvergiert nach Satz 2.1, wenn die Funktion $g(t) = f(t)e^{-\sigma t}$ absolut integrierbar ist. F(s) ist dann die Fouriertransformierte der Zeitfunktion g(t).
Die Funktion $f(t)e^{-\sigma t}$ ist absolut integrierbar, wenn f(t) nicht stärker ansteigt als eine Exponentialfunktion. Mit einem geeignet gewähltem σ kann nämlich erreicht werden, daß der Faktor $e^{-\sigma t}$ selbst bei einer exponentiell ansteigenden Funktion f(t) überwiegt, sodaß

$$\lim_{t \to \infty} f(t)e^{-\sigma t} = 0$$

ist.

Wir können daher feststellen:

> Das Laplace-Integral konvergiert, es existiert also eine Laplace-Transformierte (Bildfunktion) F(s), wenn die Originalfunktion f(t) nicht stärker ansteigt, als eine Exponentialfunktion. Diese Bedingung kann bei einem geeignet gewählten $\sigma > \beta$ für alle praktisch vorkommenden Zeitfunktionen erfüllt werden.
> Die <u>Konvergenzabszisse</u> β ist durch die Art der betrachteten Zeitfunktion f(t) bestimmt.

Insbesondere bei den Anwendungen der Laplace-Transformation ist auch die Dimension der <u>Laplace-Transformierten</u>

$$F(s) = \int_0^\infty f(t)e^{-st}dt \qquad (4.1)$$

von Interesse. Die Variable $s = \sigma + j\omega$ hat die Dimension einer Kreisfrequenz, also die Dimension sec^{-1}. Der Faktor e^{-st} des Integranden von Gl.(4.1) ist dimensionslos. Durch

die Integration über den Zeitbereich, die ja eine Aufsummierung infinitesimal kleiner Elemente $f(t)e^{-st}dt$ bedeutet, kommt zur Dimension der Zeitfunktion f(t) noch die Dimension des Differentials dt hinzu.
Die Laplace-Transformierte einer Spannung u(t), nämlich

$$U(s) = \int_0^\infty u(t)e^{-st}dt$$

hat demnach die Dimension Vsec, die Laplace-Transformierte I(s) eines Stromes i(t) analog die Dimension Asec.
In diesem Zusammenhang sei auf eine manchmal verwendete etwas modifizierte Laplace-Transformation, die Carson-Transformation hingewiesen, bei der die Bildfunktion durch

$$F(s) = s \int_0^\infty f(t)e^{-st}dt$$

definiert ist. Wegen des zusätzliches Faktors s der Dimension sec^{-1} hat bei der Carson-Transformation die Bildfunktion F(s) stets die gleiche Dimension wie die Originalfunktion f(t).

Geschichtliche Anmerkung

Der bekannte französische Mathematiker Pierre Simon Marquis de Laplace (1749 - 1827) ist nicht Begründer der Laplace - Transformation. Das zur Definition der Laplace-Transformation verwendete Integral ist dem Typ nach ein sogenanntes "Laplace-Integral".
Die Laplace-Transformation ist eine Weiterentwicklung einer Operatorenrechnung des Engländers Oliver Heaviside (1850 - 1925). Die Heaviside'sche Operatorenrechnung wurde zum Lösen von Differentialgleichungen verwendet. Es entstanden bei der Anwendung oft Schwierigkeiten, da sie mathematisch nicht ausreichend begründet war.
Bei der Weiterentwicklung der Heaviside'schen Operatorenrechnung zur heutigen Laplace-Transformation haben sich von den deutschen Wissenschaftlern besonders K.W. Wagner und Gustav Doetsch große Verdienste erworben.

<u>Beispiel 4.1:</u> Es soll die Laplace-Transformierte F(s) der Zeitfunktion $f(t) = t$ berechnet werden.

Durch eine partielle Integration mit $u = t \rightarrow u' = 1$ und $v' = e^{-st} \rightarrow v = e^{-st}/(-s)$ erhält man:

$$F(s) = \int_0^\infty te^{-st}dt = \left[te^{-st}/(-s)\right]_0^\infty + \frac{1}{s}\int_0^\infty e^{-st}dt =$$

$$= \left[-\frac{te^{-st}}{s} - \frac{e^{-st}}{s^2}\right]_0^\infty = 1/(s^2)$$

Dabei wird vorausgesetzt, daß der Grenzwert

$$\lim_{t\to\infty} e^{-st} = \lim_{t\to\infty} e^{-\sigma t}e^{-j\omega t} = 0$$

ist. Dies ist der Fall, wenn $\mathrm{Re}\, s = \sigma > 0$ ist. Bei dieser Zeitfunktion ist demnach die Konvergenzabszisse $\beta = 0$. Die Laplace-Transformierte F(s) existiert in einem Gebiet der komplexen s-Ebene, das durch $\mathrm{Re}\, s > 0$ bestimmt ist. Es handelt sich hierbei um eine Halbebene, die sogenannte <u>Konvergenzhalbebene</u> der Bildfunktion. In Bild 4.1 sind die kausale Zeitfunktion $f(t) = t$ und die Konvergenzhalbebene ihrer Laplace-Transformierten $F(s) = 1/(s^2)$ dargestellt.

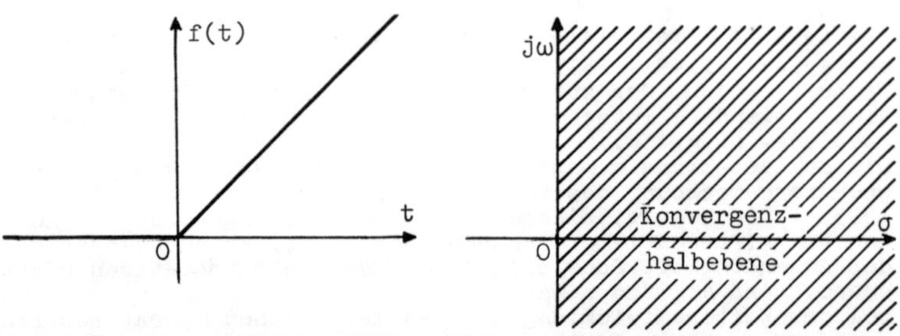

Bild 4.1 Zeitfunktion f(t) und Konvergenzhalbebene der Bildfunktion F(s) von Beispiel 4.1

4.2 Inverse Laplace-Transformation

Satz 4.1:

Die inverse Laplace-Transformation, die eine Bildfunktion F(s) in die zugehörige Originalfunktion f(t) abbildet, ist durch die komplexe Umkehrformel

$$f(t) = \frac{1}{2\pi j}\int_{\sigma_0-j\infty}^{\sigma_0+j\infty} F(s)e^{st}ds \qquad (4.2)$$

gegeben.

Beweis: Nach der Definition der Laplace-Transformation gemäß Gl.(4.1) gilt

$$F(s) = \int_0^\infty f(t)e^{-st}dt = \int_0^\infty f(t)e^{-\sigma t}e^{-j\omega t}dt$$

Ein Vergleich mit der Definition der Spektralfunktion durch Gl. (2.7) zeigt, daß die Laplace - Transformierte F(s) der Zeitfunktion f(t) Spektralfunktion (Fouriertransformierte) der Zeitfunktion $g(t) = f(t)e^{-\sigma t}$ ist.
Mit dem Fourierintegral (Gl.(2.9)) erhält man

$$f(t)e^{-\sigma t} = \frac{1}{2\pi}\int_{-\infty}^{\infty} F(s)e^{j\omega t}d\omega$$

Multipliziert man diese Gleichung mit dem Faktor $e^{\sigma t}$, so erhält man

$$f(t) = \frac{1}{2\pi}\int_{-\infty}^{\infty} F(s)e^{\sigma t}e^{j\omega t}d\omega = \frac{1}{2\pi}\int_{-\infty}^{\infty} F(s)e^{st}d\omega$$

Da bei dieser Integration nur ω variabel, σ konstant ist, also einen in der Konvergenzhalbebene liegenden festen Wert σ_0 annimmt, folgt mit $d\omega = ds/j$ schließlich Gl.(4.2).
Zu einer vorgegebenen Originalfunktion f(t) liefert die durch Gl.(4.1) definierte Laplace-Transformation, die Konvergenz des Laplace-Integrals vorausgesetzt, eindeutig eine Bildfunktion F(s). Es ist aber auch von Interesse, ob die

durch Gl. (4.2) beschriebene inverse Laplace-Transformation ebenfalls eindeutig ist.

Nun haben aber etwa die im Bild 4.2 dargestellten Zeitfunktionen

$$f_1(t) = t \quad \text{und} \quad f_2(t) = \begin{cases} t & \text{für} \quad t \neq 2 \text{ sec} \\ 3 & \text{für} \quad t = 2 \text{ sec} \end{cases}$$

die gleiche Bildfunktion

$$F(s) = \int_0^\infty f_1(t)e^{-st}ds = \int_0^\infty f_2(t)e^{-st}ds = 1/(s^2)$$

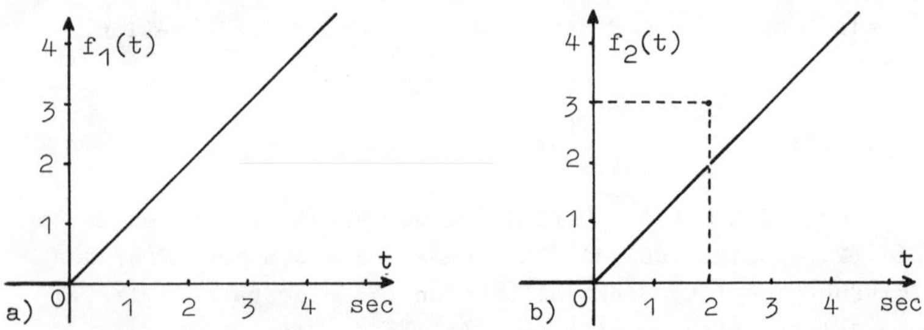

Bild 4.2 Zeitfunktionen $f_1(t)$ und $f_2(t)$, die sich für die Zeit t = 2 sec in ihren Funktionswerten unterscheiden

Die Zeitfunktionen $f_1(t)$ und $f_2(t)$ besitzen die gleiche Bildfunktion F(s). Sie unterscheiden sich nur durch eine Nullfunktion. Eine Nullfunktion N(t) ist eine Funktion, für die

$$\int_0^t N(\tau)d\tau = 0 \qquad \text{für alle Zeitpunkte } t > 0$$

ist. Unterscheiden sich Zeitfunktionen nur um Nullfunktionen, so werden ihnen durch die Laplace-Transformation gleiche Bildfunktionen zugeordnet. Die durch die komplexe Umkehrformel beschriebene inverse Laplace-Transformation liefert daher eine Zeitfunktion, die sich höchstens um eine Nullfunktion von der Originalfunktion unterscheiden kann.

Wir erhalten somit den folgenden Eindeutigkeitssatz:

Satz 4.2:

Stimmen die Bildfunktionen zweier Originalfunktionen in einer Halbebene $\operatorname{Re} s > \beta$ überein, so unterscheiden sich die Originalfunktionen höchstens um eine Nullfunktion.

Beschränken wir uns auf stetige Originalfunktionen, so erhält der Eindeutigkeitssatz die folgende Form:

Satz 4.3:

Stimmen die Bildfunktionen zweier stetiger Originalfunktionen in einer Halbebene $\operatorname{Re} s > \beta$ überein, so sind die Originalfunktionen identisch.

Zur Berechnung der Originalfunktion f(t) aus einer gegebenen Bildfunktion F(s) mit der komplexen Umkehrformel

$$f(t) = \frac{1}{2\pi j} \int_{\sigma_0 - j\infty}^{\sigma_0 + j\infty} F(s) e^{-st} ds$$

ist als Integrationsweg in der komplexen s-Ebene eine in der Konvergenzhalbebene liegende Paralelle zur imaginären Achse zu wählen.

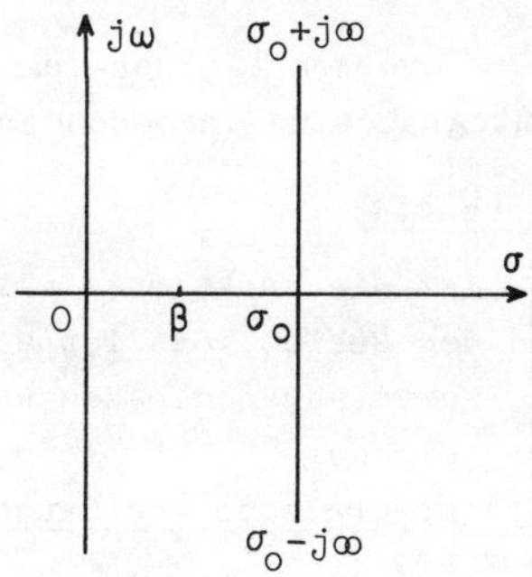

Bild 4.3 Integrationsweg W

Zur inversen Laplace-Transformation mit Hilfe der komplexen Umkehrformel ist die Kenntnis einiger Sätze der Analysis komplexwertiger Funktionen notwendig. Diese Sätze der Funktionentheorie sollen im folgenden ohne Beweis angegeben werden.

Definition 4.3:

a) Eine Vorschrift, die jedem Element $z = x + jy$ eines Gebietes der komplexen z - Ebene eine komplexe Zahl $w = u + jv$ zuordnet, heißt Funktion $w = f(z)$ der komplexen Variablen z.

b) Eine Funktion $w = f(z)$ heißt in einem Punkt z_o regulär oder holomorph, wenn sie in jedem Punkt z einer Umgebung von z_o diffenrenzierbar ist, d.h., die Ableitung

$$f'(z) = \lim_{\Delta z \to 0} \frac{f(z + \Delta z) - f(z)}{\Delta z}$$

existiert.

c) Eine Funktion $w = f(z)$ heißt in einem Gebiet G der komplexen z-Ebene holomorph oder regulär, wenn sie an jeder Stelle des Gebietes G differenzierbar ist.

d) Stellen, an denen eine Funktion $w = f(z)$ nicht regulär ist, heißen singuläre Stellen.

Zur inversen Laplace-Transformation mit dem komplexen Umkehrintegral sind insbesondere einige Integralsätze wichtig.

Satz 4.4:

Ist die Funktion $w = f(z)$ in einem einfach zusammenhängenden Gebiet, das ist ein Gebiet, das durch eine einfache Kurve abgeschlossen werden kann, holomorph, so gilt der folgende

Integralsatz von Cauchy:

$$\oint_W f(z)dz = 0, \qquad (4.3)$$

wenn W ein beliebiger, in G liegender, einfach geschlossener Weg ist. Dieser Satz ist äquivalent mit der Aussage, daß das bestimmte Integral

$$\int_{z_1}^{z_2} f(z)dz$$

einen vom Integrationsweg von z_1 nach z_2 unabhängigen Wert hat.

Satz 4.5:

Unter den gleichen Voraussetzungen wie beim Integralsatz von Cauchy (Satz 4.4) gelten die folgenden Integralformeln

$$f(z_o) = \frac{1}{2\pi j} \oint_W \frac{f(z)}{z - z_o} dz \tag{4.4}$$

bzw. $$f^{(n)}(z_o) = \frac{n!}{2\pi j} \oint_W \frac{f(z)}{(z - z_o)^{n+1}} dz, \tag{4.5}$$

(Integralformeln von Cauchy)

wobei z_o ein im Inneren von W gelegener Punkt ist und der geschlossene Weg W im positiven Sinn (Gegenuhrzeigersinn) durchlaufen wird.

Die Integralformeln von Cauchy machen die bemerkenswerte Aussage, daß die Funktionswerte und die Werte der Ableitungen einer regulären Funktion im Inneren einer geschlossenen Kurve W durch die Werte der Funktion auf dieser Kurve bebestimmt sind.

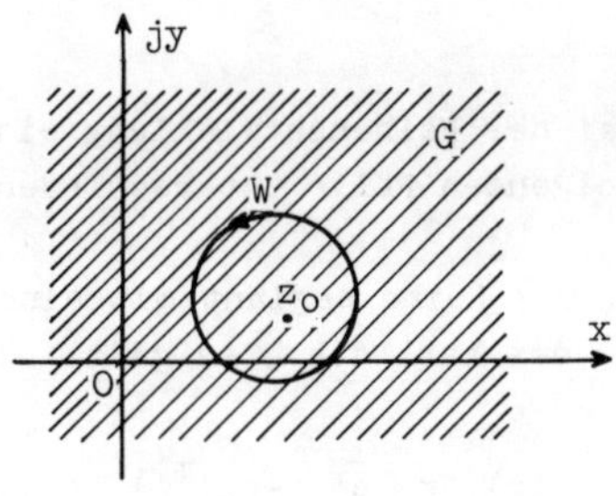

Bild 4.4 Integrationsweg W

Ist die komplexwertige Funktion f(z) in einem Gebiet G regulär, d.h. differenzierbar, so folgt aus Gl. (4.5), daß sie dort beliebig oft differenzierbar ist.

Ähnlich, wie in der reellen Analysis, kann auch eine Funktion einer komplexen Variablen in eine Potenzreihe entwickelt werden.

Dabei gilt der folgende Satz:

Satz 4.6:

a) Die durch die Laurent - Reihe

$$f(z) = \sum_{n=-\infty}^{\infty} c_n (z - z_o)^n \qquad (4.6)$$

mit den komplexen Koeffizienten

$$c_n = \frac{1}{2\pi j} \oint \frac{f(z)}{(z - z_o)^{n+1}} dz \qquad (4.7)$$

dargestellte Funktion konvergiert, wenn überhaupt, stets in einem Kreisringgebiet und stellt dort eine reguläre Funktion dar.

b) Jede in einem Kreisringgebiet reguläre Funktion kann in eine Laurent-Reihe entwickelt werden.

Bei der Reihenentwicklung einer Funktion f(z) können die folgenden Fälle unterschieden werden:

1. Die Reihe beginnt mit einem Glied, das einen positiven Index hat, d.h., es gilt

$$f(z) = c_m (z-z_o)^m + c_{m+1}(z-z_o)^{m+1} + c_{m+2}(z-z_o)^{m+2} + \dots$$

Die Funktion f(z) hat dann an der Stelle $z = z_o$ eine m-fache Nullstelle. f(z) ist an der Stelle z_o regulär.

2. Die Reihe beginnt mit einem Glied, das einen negativen Index hat.

$$f(z) = \frac{c_{-n}}{(z-z_o)^n} + \dots + \frac{c_{-1}}{(z-z_o)} + c_o + c_1(z-z_o) + \dots$$

Die an der Stelle $z = z_o$ vorliegende Singularität heißt <u>Pol n-ter Ordnung.</u> Die Funktion $(z - z_o)^n f(z)$ ist für $z = z_o$ regulär.

3. Besitzt die Reihe kein erstes Glied, so hat die durch die Laurent-Reihe dargestellte Funktion f(z) an der Stelle z_o einen Pol "unendlich hoher Ordnung". Die Stelle $z = z_o$ ist eine <u>wesentlich singuläre Stelle.</u>
So ist z.B. die Funktion

$$e^{1/z} = 1 + \frac{1}{z} + \frac{1}{2!z^2} + \frac{1}{3!z^3} + \frac{1}{4!z^4} + \ldots$$

an der Stelle z = 0 wesentlich singulär.

Wir betrachten nun Funktionen f(z), die bis auf endlich viele isolierte Pole regulär sind.

An der Stelle $z = z_o$ sei ein Pol n-ter Ordnung und wir wollen das Integral

$$\oint_W f(z)dz$$

berechnen, wobei der Integrationsweg W ein im positiven Sinn durchlaufener, geschlossener Weg um die Polstelle z_o ist.
Die Funktion f(z) sei bis auf diese Polstelle im Inneren und auf dem Weg W regulär.
Für f(z) gibt es dann die Laurent - Reihe:

$$f(z) = \frac{c_{-n}}{(z-z_o)^n} + \ldots + \frac{c_{-1}}{(z-z_o)} + c_o + c_1(z-z_o) + \ldots$$

Mit dieser Reihendarstellung folgt für das gesuchte Integral

$$\oint f(z)dz = c_{-n}\oint \frac{1}{(z-z_o)^n}dz + \ldots + c_{-1}\oint \frac{1}{z-z_o}dz + \tag{4.8}$$
$$+ c_o\oint dz + c_1\oint (z-z_o)dz + \ldots$$

Setzt man in die Gleichungen (4.4) und (4.5) die überall reguläre Funktion f(z) = 1 ein, so erhält man

$$\oint \frac{1}{(z-z_o)^n}dz = \begin{cases} 2\pi j & \text{für } n = 1 \\ 0 & \text{für } n \neq 1 \end{cases} \tag{4.9}$$

Gl.(4.8) geht damit über in

$$\oint f(z)dz = 2\pi j . c_{-1} \quad \text{bzw.} \quad \frac{1}{2\pi j}\oint f(z)dz = c_{-1} \tag{4.10}$$

Von Gl.(4.8) ist also nur Gl.(4.10) "übrig geblieben". Man nennt daher c_{-1} das "Residuum" der Funktion f(z) an der Stelle $z = z_o$.

Definition 4.4:

Unter dem Residuum der Funktion f(z) an der Stelle $z = z_o$ versteht man

$$\operatorname*{Res}_{z = z_o}\left\{ f(z) \right\} = \frac{1}{2\pi j}\oint f(z)dz = c_{-1} \tag{4.11}$$

Ist z_o eine Stelle, an der die Funktion f(z) regulär ist, so folgt aus dem Integralsatz von Cauchy, daß das Residuum der Funktion f(z) in einem solchen Holomorphiepunkt den Wert Null hat.

Wir können nun den für die Integration im Komplexen so wichtigen Residuensatz angeben.

Satz 4.7:

Umfaßt der im positiven Umlaufssinn geschlossene Integrationsweg die isolierten Pole $z_1, z_2, \ldots, z_n$, so gilt der folgende Residuensatz

$$\frac{1}{2\pi j} \oint f(z)dz = \sum_{k=1}^{n} \operatorname*{Res}_{z = z_k} \left\{ f(z) \right\} \qquad (4.12)$$

Zur Berechnung der Residuen einer Funktion kann man nach Gl. (4.11) das Residuum der Funktion f(z) an der Stelle z_o durch den Koeffizienten c_{-1} der Laurent-Reihenentwicklung an der Stelle z_o angeben. Dazu muß aber die Reihenentwicklung zuerst durchgeführt werden.
Einfacher wird daher in vielen Fällen der folgende Weg sein, die Residuen einer Funktion zu bestimmen.

Satz 4.8:

a) Es sei die Stelle $z = z_o$ eine einfache Polstelle der Funktion f(z). Dann gilt für das Residuum der Funktion an dieser einfachen Polstelle z_o

$$\operatorname*{Res}_{z = z_o} \left\{ f(z) \right\} = \Big[(z - z_o) f(z) \Big]_{z = z_o} \qquad (4.13)$$

b) An der Stelle $z = z_o$ sei ein n-facher Pol der Funktion f(z). Dann gilt

$$\operatorname*{Res}_{z = z_o} \left\{ f(z) \right\} = \frac{1}{(n-1)!} \left[\frac{d^{n-1}}{dz^{n-1}} \left\{ (z - z_o)^n f(z) \right\} \right]_{z=z_o} \qquad (4.14)$$

Beweis:

1. An der Stelle $z = z_o$ sei ein einfacher Pol der Funktion. Für die Laurent-Reihe gilt dann

$$f(z) = \frac{c_{-1}}{z-z_o} + c_o + c_1(z-z_o) + c_2(z-z_o)^2 + \ldots$$

Die Funktion

$$(z-z_o)f(z) = c_{-1} + c_o(z-z_o) + c_1(z-z_o)^2 + c_2(z-z_o)^3 + \ldots$$

ist an der Stelle z_o regulär. Setzt man für z den Wert z_o ein, so erhält man die zu beweisende Aussage.

2. An der Stelle $z = z_o$ sei ein n-facher Pol. Die für z_o reguläre Funktion $(z - z_o)^n f(z)$ hat die Reihendarstellung

$$(z-z_o)^n f(z) = c_{-n} + \ldots + c_{-1}(z-z_o)^{n-1} + c_o(z-z_o)^n + \ldots$$

Durch (n - 1)-maliges Differenzieren erhält man

$$\frac{d^{n-1}}{dz^{n-1}} \left\{ (z - z_o)^n f(z) \right\} = (n-1)!c_{-1} + n!c_o(z - z_o) +$$

+ Glieder mit höheren Potenzen von $(z - z_o)$

Setzt man in die letzte Gleichung für z den Wert z_o ein, so erhält man die zu beweisende Aussage.

Beispiel 4.1: Man bestimme die Residuen der Funktion $f(z) = 1/\{z(z - 1)^2\}$ an den Polstellen.

Die Stelle $z = 0$ ist eine einfache Polstelle der Funktion und man erhält mit Gl.(4.13)

$$\operatorname*{Res}_{z = 0} \left\{ f(z) \right\} = \left[zf(z) \right]_{z=0} = \left[\frac{1}{(z - 1)^2} \right]_{z=0} = 1$$

Die gegebene Funktion f(z) hat an der Stelle z = 1 einen Pol 2. Ordnung. Gl. (4.14) liefert

$$\operatorname*{Res}_{z=1}\left\{ f(z) \right\} = \frac{1}{1!}\left[\frac{d}{dz}\left\{ \frac{1}{z} \right\} \right]_{z=1} = -\left[\frac{1}{z^2} \right]_{z=1} = -1$$

Wir wollen nun den Residuensatz verwenden, um die inverse Laplace-Transformation mit Hilfe der komplexen Umkehrformel nach Gl.(4.2) vorzunehmen.
Es soll hier nur an einigen Beispielen gezeigt werden, wie auf diese Weise aus einer gegebenen Bildfunktion F(s) die Originalfunktion f(t) berechnet werden kann. Das praxisgerechtere Verfahren besteht in der Verwendung von Transformationsregeln und Korrespondenzen, die im nächsten Abschnitt besprochen werden.

Satz 4.9:

Es sei F(s) die Bildfunktion einer Originalfunktion f(t). F(s) habe die endlich vielen isolierten Pole $s_1, s_2, \ldots, s_n$ und es sei ferner $\lim_{s \to \infty} |F(s)| = 0$. Dann gilt

$$f(t) = \sum_{k=1}^{n} \operatorname*{Res}_{s=s_k}\left\{ F(s)e^{st} \right\} \tag{4.15}$$

Beweis:

Als Integrationsweg wählen wir den in der komplexen s - Ebene liegenden Wege $W = W_1 + W_2$, der alle Polstellen der Funktion F(s) und damit auch alle Pole von $F(s)e^{st}$ umfaßt, da der Faktor e^{st} selbst im Endlichen keine Pole besitzt.
Mit dem Residuensatz erhält man:

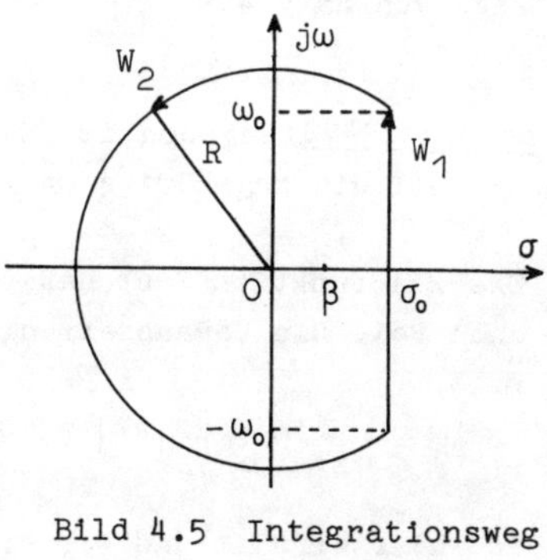

Bild 4.5 Integrationsweg

$$\frac{1}{2\pi j} \oint_W F(s)e^{st}ds = \frac{1}{2\pi j} \int_{\sigma_o - j\omega_o}^{\sigma_o + j\omega_o} F(s)e^{st}\,ds \; +$$

$$+ \; \frac{1}{2\pi j} \int_{W_2} F(s)e^{st}ds =$$

$$= \sum_{k=1}^{n} \operatorname*{Res}_{s = s_k} \left\{ F(s)e^{st} \right\} \qquad (4.16)$$

Im Grenzfall $\omega_o \rightarrow \infty$ und damit auch $R \rightarrow \infty$ gilt

$$\lim_{R \rightarrow \infty} \int_{W_2} F(s)e^{st}\,ds = 0,$$

wenn

$$\lim_{R \rightarrow \infty} |F(s)| = 0$$

ist, da der Betrag des Faktors $e^{st} = e^{\sigma t} \cdot e^{j\omega t}$ auf dem Weg W_2 wegen $\sigma \leqq \sigma_o$ beschränkt bleibt.
Im Grenzfall $\omega_o \rightarrow \infty$ geht Gl. (4.16) in die komplexe Umkehrformel (Gl.(4.2)) über und wir erhalten damit die Aussage von Satz 4.9.

Beispiel 4.2: Gegeben ist die Bildfunktion $F(s) = 1/(s - a)$. Es soll die zugehörige Originalfunktion $f(t)$ bestimmt werden.

Die Bildfunktion $F(s)$ hat an der Stelle $s = a$ einen einfachen Pol. Die Voraussetzung von Gl.(4.16), nämlich

$$\lim_{s \rightarrow \infty} |F(s)| = 0$$

ist hier erfüllt und wir erhalten daher mit Gl. (4.13)

$$f(t) = \underset{s=a}{\mathrm{Res}} \left\{ F(s)e^{st} \right\} = \left[(s-a)F(s)e^{st} \right]_{s=a}$$

$$= \left[e^{st} \right]_{s=a} = e^{at}$$

<u>Beispiel 4.3:</u> Zur Bildfunktion $F(s) = 1/(s^2)$ soll die zugehörige Originalfunktion $f(t)$ bestimmt werden.

Die Bildfunktion hat an der Stelle $s = 0$ einen zweifachen Pol. Da die Voraussetzung $\lim\limits_{s \to \infty} |F(s)| = 0$ erfüllt ist, erhält man mit Gl. (4.14)

$$f(t) = \underset{s=0}{\mathrm{Res}} \left\{ F(s)e^{st} \right\} = \frac{d}{ds} \left[s^2 F(s) e^{st} \right]_{s=0} =$$

$$= \frac{d}{ds} \left[e^{st} \right]_{s=0} = \left[te^{st} \right]_{s=0} = t$$

<u>Beispiel 4.4:</u> Man berechne die Originalfunktion $f(t)$ zur Bildfunktion $F(s) = 1/(s^2 + 1)$.

Die Bildfunktion

$$F(s) = \frac{1}{s^2 + 1} = \frac{1}{(s-j)(s+j)}$$

hat an der Stellen $s_1 = j$ und $s_2 = -j$ je einen einfachen Pol. Die Voraussetzungen für die Anwendbarkeit von Gl. (4.15) sind gegeben. Mit Gl.(4.13) erhalten wir

$$f(t) = \underset{s=j}{\mathrm{Res}} \left\{ \frac{e^{st}}{(s-j)(s+j)} \right\} + \underset{s=-j}{\mathrm{Res}} \left\{ \frac{e^{st}}{(s-j)(s+j)} \right\} =$$

$$= \left[\frac{e^{st}}{s+j} \right]_{s=j} + \left[\frac{e^{st}}{s-j} \right]_{s=-j} =$$

$$= \frac{1}{2j} e^{jt} - \frac{1}{2j} e^{-jt} = \frac{1}{2j} (e^{jt} - e^{-jt}) = \sin t$$

Übungsaufgaben zum Abschn. 4.2 (Lösungen im Anhang)

Beispiel 4.5:

a) Es soll das Umlaufsintegral

$$\oint_W \frac{1}{z-2}\,dz$$

berechnet werden, wobei als Integrationsweg W ein Kreis vom Radius r um die Polstelle z = 2 zu wählen ist.

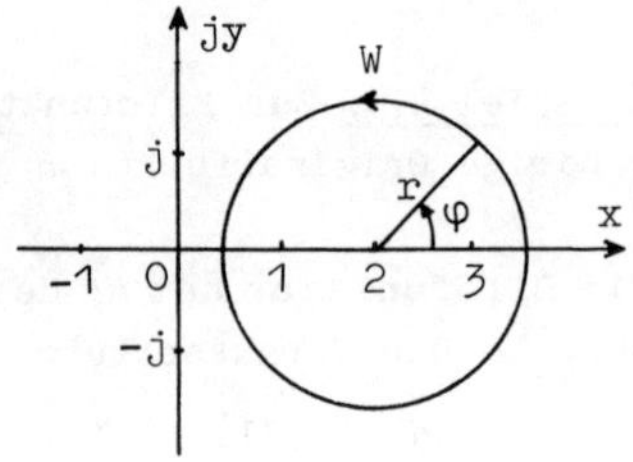

Hinweis: Auf dem Kreis gilt

$z - 2 = r \cdot e^{j\varphi}$ (s.Bild 4.6)

Bild 4.6 Integrationsweg W

b) Berechnen Sie das Residuum der Funktion $f(z) = 1/(z - 2)$ an der Polstelle $z = 2$.

Beispiel 4.6: Man berechne die Residuen der Funktion

$$f(z) = \frac{1}{(z+1)(z-1)^3}$$

an ihren Polstellen.

Beispiel 4.7: Man berechne zu den folgenden Bildfunktionen F(s) die zugehörigen Originalfunktionen f(t).

a) $F(s) = \dfrac{1}{(s-1)(s-2)}$ b) $F(s) = \dfrac{2s+3}{(s+1)^2}$

c) $F(s) = \dfrac{1}{s^2-1}$ d) $F(s) = \dfrac{s^3}{(s+3)^4}$

e) $F(s) = \dfrac{1}{s^2(s+1)^2}$ f) $F(s) = \dfrac{s+5}{(s+1)(s^2+1)}$

Beispiel 4.8: Gegeben ist die Bildfunktion $F(s) = 1/(s^n)$, wobei der Exponent n eine natürliche Zahl ist. Es soll die zugehörige Originalfunktion f(t) bestimmt werden.

Beispiel 4.9: Zur Bildfunktion

$$F(s) = \frac{1}{(s^2+1)^2} = \frac{1}{(s-j)^2(s+j)^2}$$

soll die entsprechende Zeitfunktion f(t) berechnet werden.

Beispiel 4.10: Gegeben ist die Bildfunktion

$$F(s) = \frac{s}{s^4 - 16}$$

Man berechne mit der komplexen Umkehrformel ihre Original - funktion f(t).

4.3 Transformationsregeln

Die Durchführung der Laplace-Transformation mit der Definitionsgleichung

$$F(s) = \int_0^{\infty} f(t)\, e^{-st}\, dt \qquad (4.1)$$

und insbesondere auch die der inversen Laplace-Transformation mit der komplexen Umkehrformel

$$f(t) = \frac{1}{2\pi j} \int_{\sigma_o - j\infty}^{\sigma_o + j\infty} F(s)\, e^{st}\, ds \qquad (4.2)$$

ist für die Anwendungen der Laplace-Transformation in der Technik i. allg. zu kompliziert.
Im Abschn. 4.2 haben wir die Berechnung des komplexen Umkehrintegrals mit Methoden der komplexen Analysis kennengelernt. Die Verwendung dieser "Residuenmethode" soll hier aber nicht zum Prinzip der inversen Laplace-Transformation gemacht werden. Um sowohl die Laplace-Transformation, als auch die inverse Laplace-Transformation einfacher durchführen zu können, werden wir Transformationsregeln herleiten.
Eine ähnliche Situation besteht auch in der Analysis. Dort werden die Ableitung einer Funktion als Grenzwert eines Differenzenquotienten, das bestimmte Integral als Grenzwert einer Summe definiert, für praktische Rechnungen aber macht man von den wesentlich einfacheren Differentiations- bzw. Integrationsregeln Gebrauch.
Wir werden im folgenden u.a. die Schreibweisen

$F(s) = L\left\{f(t)\right\}$ F(s) ist die Laplace-Transformierte der Funktion f(t),

$f(t) = L^{-1}\left\{F(s)\right\}$ f(t) entsteht durch inverse Laplace-Transformation aus F(s),

verwenden.

Da die Funktionen f(t) und ihre Laplace-Transformierte F(s) sich bezüglich der Laplace-Transformation "entsprechen", wird der zwischen ihnen vorhandene Zusammenhang nach DIN 5487 symbolisch durch ein "Korrespondenzzeichen" ausgedrückt.
Als Korrespondenzzeichen verwendet man ○—● bzw. ●—○.

F(s) ●—○ f(t) bedeutet, F(s) ist die Laplace-Transformierte von f(t), bzw. f(t) ist die Originalfunktion zu F(s).

Jede Korrespondenz kann von rechts nach links, aber auch von links nach rechts gelesen werden. So bedeutet die Korrespondenz

$$t \;○—●\; 1/(s^2)$$

einerseits, daß der Funktion f(t) = t bezüglich der Laplace-Transformation die Bildfunktion $F(s) = 1/(s^2)$ entspricht, andererseits aber auch, daß durch inverse Laplace-Transformation die Bildfunktion $F(s) = 1/(s^2)$ in die Originalfunktion f(t) = t übergeht.

4.3.1 Laplace-Transformierte elementarer Zeitfunktionen

a) Laplace-Transformierte der Sprungfunktion

Die Sprungfunktion (Einheitssprung) $\varepsilon(t)$ ist definiert durch

$$\varepsilon(t) = \begin{cases} 0 & \text{für } t < 0 \\ 1 & \text{für } t > 0 \end{cases}$$

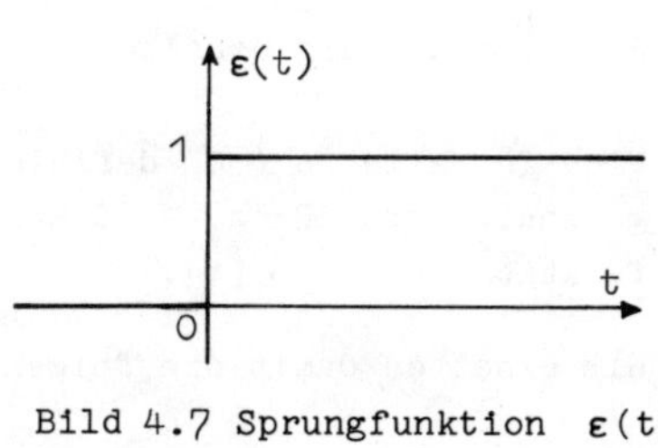

Bild 4.7 Sprungfunktion $\varepsilon(t)$

Für die Zeit $t = 0$ ist durch diese Definition keine Aussage über die Sprungfunktion gemacht.
Die Sprungfunktion tritt insbesondere bei den Anwendungen der Laplace-Transformation in der Elektrotechnik häufig auf. Sie beschreibt etwa einen idealisierten Einschaltvorgang einer Gleichspannung von 1 V zum Zeitpunkt $t = 0$.
Zur Bestimmung der Laplace-Transformierten F(s) der Sprungfunktion benützen wir die Definitionsgleichung der Laplace-Transformation und erhalten

$$L\left\{\varepsilon(t)\right\} = \int_0^{\infty} e^{-st}\, dt = \left[\frac{e^{-st}}{-s}\right]_0^{\infty} = \frac{1}{s}$$

Zur Konvergenz des Integrals wird vorausgesetzt, daß der Grenzwert

$$\lim_{t \to \infty} e^{-st} = \lim_{t \to \infty} e^{-\sigma . t}\, e^{-j\omega t} = 0$$

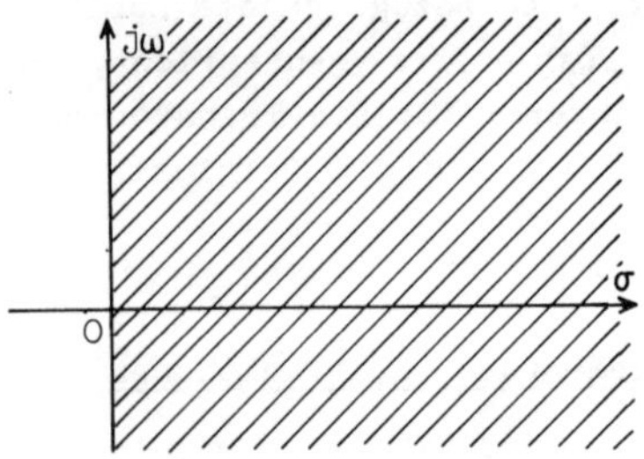

Bild 4.8 Konvergenzhalbebene

ist. Dies ist der Fall, wenn $\operatorname{Re} s = \sigma > 0$ gewählt wird. Für die Funktion $f(t) = \varepsilon(t)$ konvergiert das Laplace-Integral in der durch $\operatorname{Re} s > 0$ bestimmten Halbebene. Das dadurch definierte Gebiet der komplexen s-Ebene, heißt Konvergenzhalbebene.

Die Funktion $F(s) = 1/s$ ist als komplexwertige Funktion für alle $s \neq 0$ definiert, ist aber nur in der Konvergenzhalbebene $\operatorname{Re} s > 0$ Laplace-Transformierte der Zeitfunktion $f(t) = \varepsilon(t)$.

Wir erhalten damit die folgende Korrespondenz:

$$\varepsilon(t) \circ\!\!-\!\!\bullet \frac{1}{s} \qquad (4.17)$$

b) <u>Laplace-Transformierte der Exponentialfunktion</u>

Es soll die Laplace-Transformierte der Exponentialfunktion

$$f(t) = e^{at}$$

bestimmt werden, wobei a eine beliebige komplexe Zahl ist.

Zur Berechnung der Laplace-Transformierten verwenden wir die Definitionsgleichung und erhalten

$$L\left\{e^{at}\right\} = \int_0^\infty e^{at}\, e^{-st}\, dt = \int_0^\infty e^{-(s-a)t}\, dt =$$

$$= \left[\frac{e^{-(s-a)t}}{-(s-a)}\right]_0^\infty = \frac{1}{s-a}$$

Zur Konvergenz des Laplace-Integrals muß vorausgesetzt werden, daß der Grenzwert

$$\lim_{t \to \infty} e^{-(s-a)t} = 0$$

ist. Diese Bedingung ist für

$\mathrm{Re}(s - a) = \sigma - \mathrm{Re}\, a > 0$

erfüllt.

Zur Zeitfunktion $f(t) = e^{at}$ existiert in der durch

$$\sigma > \mathrm{Re}\, a$$

definierten Konvergenzhalbebene eine Laplace-Transformierte $F(s) = 1/(s-a)$.

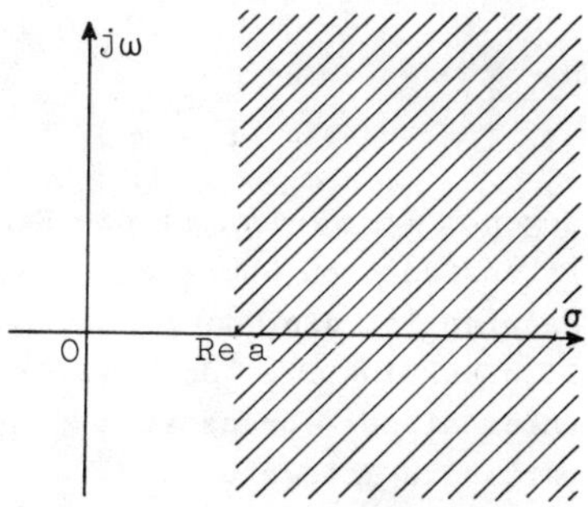

Bild 4.9 Konvergenzhalbebene

Es gilt daher die Korrespondenz

$$e^{at} \circ\!\!-\!\!\bullet \frac{1}{s - a} \qquad (4.18)$$

c) <u>Laplace-Transformierte der Potenzfunktion</u>

Als Laplace-Transformierte der Potenzfunktion $f(t) = t^n$, wobei der Exponent n eine natürliche Zahl sein soll, erhält man mit der Definitionsgleichung der Laplace-Transformation durch eine partielle Integration mit

$$u = t^n \quad \rightarrow \quad u' = nt^{n-1} \quad \text{und} \quad v' = e^{-st} \quad \rightarrow \quad v = \frac{e^{-st}}{-s}$$

$$L\left\{t^n\right\} = \int_0^\infty t^n e^{-st} dt = \left[\frac{t^n e^{-st}}{-s}\right]_0^\infty + \frac{n}{s}\int_0^\infty t^{n-1} e^{-st} dt =$$

$$= \frac{n}{s}\int_0^\infty t^{n-1}\, e^{-st}\, dt$$

Zur Konvergenz des Integrals muß

$$\lim_{t \to \infty} t^n e^{-st} = 0$$

angenommen werden. Da die Exponentialfunktion gegenüber der Potenzfunktion überwiegt, ist dies für $\mathrm{Re}\, s > 0$ der Fall. Dadurch ist die Konvergenzhalbebene bestimmt, in welcher die Bildfunktion F(s) der Zeitfunktion $f(t) = t^n$ exisitiert. Unter dieser Voraussetzung erhalten wir durch wiederholte partielle Integration

$$F(s) = \int_0^\infty t^n\, e^{-st}\, dt = \frac{n}{s}\int_0^\infty t^{n-1} e^{-st}\, dt =$$

$$= \frac{n}{s}\cdot\frac{n-1}{s}\int_0^\infty t^{n-2}\, e^{-st}\, dt = \frac{n}{s}\cdot\frac{n-1}{s}\cdot\frac{n-2}{s}\int_0^\infty t^{n-3}e^{-st}dt =$$

$$= \frac{n}{s}\cdot\frac{n-1}{s}\cdot\frac{n-2}{s}\,\ldots\,\frac{2}{s}\cdot\frac{1}{s}\int_0^\infty e^{-st}dt = \frac{n!}{s^{n+1}}$$

Das Ergebnis können wir in der Korrespondenz

$$t^n \;\circ\!\!-\!\!\bullet\; \frac{n!}{s^{n+1}} \qquad n = 1,2,3,\ldots \qquad (4.19)$$

zusammenfassen.

Wir wollen nun auch die Laplace-Transformierte der allgemeineren Potenzfunktion

$$f(t) = t^r$$

bestimmen, wobei r eine beliebige reelle Zahl ist, die der Bedingung $r > -1$ genügt. Diese Einschränkung auf reelle Zahlen $r > -1$ ist notwendig, weil anderenfalls das Laplaceintegral an der unteren Integrationsgrenze $t = 0$ nicht konvergiert.

Zur Berechnung der Laplace-Transformierten von $f(t) = t^r$ führen wir $u = st$ als neue Integrationsvariable ein. Damit erhalten wir

$$F(s) = \int_0^\infty t^r e^{-st}\, dt = \int_0^\infty \frac{u^r}{s^r}\, e^{-u}\, \frac{1}{s}\, du$$

$$F(s) = s^{-(r+1)}\int_0^\infty u^r e^{-u}\, du \qquad (4.20)$$

Unter Verwendung der Gammafunktion, die durch das Integral

$$\Gamma(z) = \int_0^\infty t^{z-1} e^{-t} \, dt \qquad (4.21)$$

definiert ist, folgt aus Gl.(4.20)

$$F(s) = s^{-(r+1)} \, \Gamma(r+1)$$

und wir erhalten die Korrespondenz

$$t^r \circ\!\!-\!\!\bullet \frac{\Gamma(r+1)}{s^{r+1}} \qquad (4.22)$$

Die Gammafunktion findet man in mathematischen Tabellenwerken, sie ist aber auch bei manchen Taschenrechnern als Standardfunktion vorhanden.

Ausgehend von der Definitionsgleichung der Gammafunktion erhält man durch eine partielle Integration mit

$$u = t^{z-1} \quad \rightarrow \quad u' = (z-1)t^{z-2}$$

$$v' = e^{-t} \quad \rightarrow \quad v = -e^{-t}$$

$$\Gamma(z) = \int_0^\infty t^{z-1}e^{-t}dt = \left[-t^{z-1}e^{-t}\right]_0^\infty + (z-1)\int_0^\infty t^{z-2}e^{-t}dt$$

$$= (z-1)\int_0^\infty t^{z-2} e^{-t} \, dt = (z-1) \cdot \Gamma(z-1)$$

Wir erhalten somit für die Gammafunktion die Rekusionsformel

$$\Gamma(z) = (z - 1) \cdot \Gamma(z - 1) \tag{4.23}$$

d.h. eine Formel, die es gestattet, bei einem bekanntem Funktionswert, den Funktionswert für ein um 1 vergrößertes Argument zu berechnen.
So erhält man aus

$$\Gamma(1) = \int_0^\infty e^{-t}\, dt = 1$$

mit der Rekursionsformel

$$\begin{aligned} \Gamma(2) &= 1.\ \Gamma(1) = 1 = 1! \\ \Gamma(3) &= 2.\ \Gamma(2) = 2 = 2! \\ \Gamma(4) &= 3.\ \Gamma(3) = 6 = 3! \end{aligned}$$

und schließlich durch Fortgesetztes Anwenden der Rekursionsformel

$$\Gamma(n + 1) = n! \tag{4.24}$$

Ist die reelle Zahl r in der Korrespondenz (4.22) im Sonderfall eine natürliche Zahl n, so geht mit Gl.(4.24) die Korrespondenz (4.22) in die Korrespondenz (4.19) über.

Für die Anwendungen in der Elektrotechnik werden manchmal die Laplace-Transformierten der Zeitfunktionen $f(t) = \sqrt{t}$ bzw. $f(t) = 1/\sqrt{t}$ benötigt. Mit

$$\Gamma(1/2) = \sqrt{\pi} \quad \text{und} \quad \Gamma(3/2) = \sqrt{\pi}/2$$

erhält man die Korrespondenzen

$$\frac{1}{\sqrt{t}} \circ\!\!-\!\!\bullet \sqrt{\frac{\pi}{s}} \tag{4.25}$$

und

$$\sqrt{t} \quad ○\!\!-\!\!● \quad \frac{\sqrt{\pi}}{2s\sqrt{s}} \tag{4.26}$$

4.3.2 <u>Additionssatz (Linearitätssatz)</u>

<u>Satz 4.10:</u>

Gelten für $i = 1,2,3, \ldots ,n$ die Korrespondenzen

$$f_i(t) \quad ○\!\!-\!\!● \quad F_i(s) = \int_0^\infty f_i(t)e^{-st}dt,$$

so folgt

$$\sum_{i=1}^{n} a_i f_i(t) \quad ○\!\!-\!\!● \quad \sum_{i=1}^{n} a_i F_i(s) \tag{4.27}$$

<u>Beweis:</u>

$$\sum_{i=1}^{n} a_i f_i(t) \quad ○\!\!-\!\!● \quad \int_0^\infty \sum_{i=1}^{n} a_i f_i(t)\, e^{-st}\, dt =$$

$$= \sum_{i=1}^{n} a_i \int_0^\infty f_i(t)e^{-st}dt = \sum_{i=1}^{n} a_i\, F_i(s),$$

da das Integral einer Summe von Funktion gleich ist der Summe der Integrale und die konstanten Faktoren a_i jeweils vor die Integrale gesetzt werden können.

Durch die Laplace-Transformation wird eine Linearkombination von Originalfunktionen $f_i(t)$ in die analoge Linearkombination von Bildfunktionen $F_i(s)$ abgebildet. Eine Transformation mit dieser Eigenschaft heißt <u>lineare Transformation.</u>

Insbesondere folgt aus der Linearität der Laplace-Transformation, daß dem a-fachen einer Originalfunktion f(t) auch das a-fache ihrer Bildfunktion F(s) entspricht.
Dies hat zur Folge, daß eine Korrespondenz, die ja keineswegs eine Gleichung ist, wie eine Gleichung, mit einem konstanten Faktor multipliziert werden darf.
So kann z.B. die Korrespondenz

$$t^n \quad \circ\!\!-\!\!\bullet \quad \frac{n!}{s^{n+1}} \qquad \text{in} \qquad \frac{t^n}{n!} \quad \circ\!\!-\!\!\bullet \quad \frac{1}{s^{n+1}}$$

umgeformt werden. Ersetzt man noch n durch n-1, so erhält man die für die inverse Laplace-Transformation oft zweckmäßigere Aussageform

$$\frac{1}{s^n} \quad \bullet\!\!-\!\!\circ \quad \frac{t^{n-1}}{(n-1)!} \tag{4.28}$$

<u>Beispiel 4.11:</u> Zur Originalfunktion $f(t) = 2t^3 - 5t^2 + 3$ soll die Bildfunktion F(s) bestimmt werden.

Mit dem Additionssatz erhält man

$$F(s) = 2\,\frac{3!}{s^4} - 5\,\frac{2!}{s^3} + 3\,\frac{1}{s} = \frac{12 - 10s + 3s^3}{s^4}$$

Die additive Konstante 3 der Originalfunktion kann als $3\,\varepsilon(t)$ interpretiert werden, da ja nur Zeitpunkte betrachtet werden, die größer als Null sind und für diese Zeitpunkte hat die Sprungfunktion den Wert 1.

<u>Beispiel 4.12:</u> Man bestimme die Laplace-Transformierten der Zeitfunktionen $f_1(t) = \sin(at)$ und $f_2(t) = \cos(at)$.

Aus den Euler'schen Gleichungen $e^{jat} = \cos(at) + j\,\sin(at)$

und $e^{-jat} = \cos(at) - j\,\sin(at)$

folgt durch Addition, bzw. Subtraktion der beiden Gleichungen

$$\sin(at) = \frac{1}{2j}\,(e^{jat} - e^{-jat}) \quad \text{und} \quad \cos(at) = \frac{1}{2}(e^{jat} + e^{-jat})$$

Die gesuchten Bildfunktionen erhalten wir dann mit dem Additionssatz

$$F_1(s) = \frac{1}{2j}\left(\frac{1}{s - ja} - \frac{1}{s + ja}\right) = \frac{a}{s^2 + a^2}$$

und

$$F_2(s) = \frac{1}{2}\left(\frac{1}{s - ja} - \frac{1}{s + ja}\right) = \frac{s}{s^2 + a^2}$$

Damit ergeben sich die Korrespondenzen

$$\sin(at) \;\circ\!\!-\!\!\bullet\; \frac{a}{(s^2 + a^2)} \qquad (4.29)$$

$$\cos(at) \;\circ\!\!-\!\!\bullet\; \frac{s}{(s^2 + a^2)} \qquad (4.30)$$

<u>Beispiel 4.13:</u> Man bestimme die Originalfunktion zu

$$F(s) = \frac{3s + 8}{s^2 + 16} \;.$$

Mit der Zerlegung der Bildfunktion in die Teilbrüche

$$F(s) = 3 \cdot \frac{s}{s^2 + 4^2} + 2 \cdot \frac{4}{s^2 + 4^2}$$

erhält man unter Verwendung der Korrespondenzen (4.29) und (4.30)

$$f(t) = 3\cos(4t) + 2\sin(4t)$$

Beispiel 4.14: Gegeben sei die Bildfunktion $F(s) = \frac{5s^2 + 3s + 8}{s^3}$

Man berechne die zugehörige Originalfunktion.

Durch Zerlegen der Bildfunktion in die Teilbrüche

$$F(s) = 5 \cdot \frac{1}{s} + 3 \cdot \frac{1}{s^2} + 8 \cdot \frac{1}{s^3}$$

und gliedweises Transformieren in den Zeitbereich erhält man die Originalfunktion

$$f(t) = 5 + 3t + 4t^2.$$

Entsprechend der Korrespondenz $1/s$ ●—○ $\varepsilon(t)$ gilt $5/s$ ●—○ $5\,\varepsilon(t)$. Da die Sprungfunktion für die hier nur betrachteten Zeitwerte $t > 0$, den Wert 1 annimmt, kann anstelle von $5\,\varepsilon(t)$ auch einfach 5 geschrieben werden.

Übungsaufgaben zum Abschn. 4.3.2 (Lösungen im Anhang)

Beispiel 4.15: Man berechne die Laplace-Transformierten $F(s)$ zu den folgenden Zeitfunktionen

a) $f(t) = t^4 - 3t^2 + 5$ b) $f(t) = 3e^{-2t} + 5e^{-3t}$

c) $f(t) = 2\sin(t) - 3\cos(t)$ d) $f(t) = 2t^2 - e^{-t/2}$

e) $f(t) = \sinh(at)$ f) $f(t) = \cosh(at)$

Beispiel 4.16: Zu den folgenden Bildfunktionen F(s) sollen die zugehörenden Originalfunktionen f(t) bestimmt werden.

a) $F(s) = \frac{s^4 - 3s^3 + 5s - 7}{s^5}$ b) $F(s) = \frac{6}{s+5} - \frac{8}{s-2}$

c) $F(s) = \frac{1}{2s-5} + \frac{3}{s^2}$ d) $F(s) = \frac{5s+3}{s^2+1}$

e) $F(s) = \frac{2s+15}{4s^2+9}$

4.3.3 Verschiebungssatz

Der Verschiebungssatz macht eine Aussage über die Laplace-Transformierte einer zeitlich verschobenen Originalfunktion. So ist die Funktion

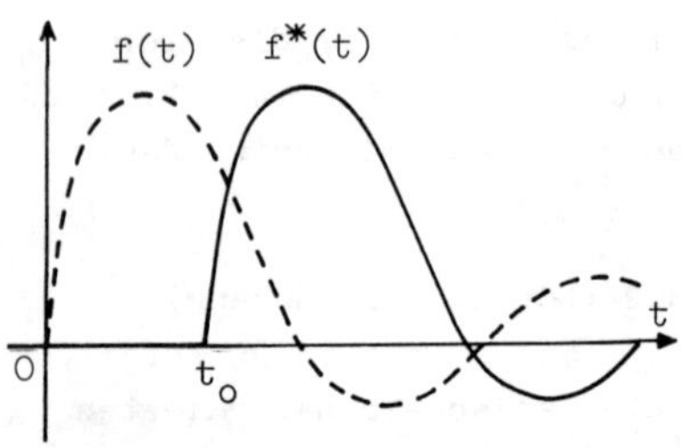

Bild 4.10 Zeitfunktionen f(t) und $f^*(t)$

$$f^*(t) = \begin{cases} f(t - t_o) & t > t_o \\ 0 & t < t_o \end{cases}$$

gegenüber der zum Zeitpunkt t = 0 einsetzenden Zeitfunktion f(t) um das Zeitintervall t_o verschoben.

Wesentlich ist, daß die hier betrachtete Zeitfunktion $f^*(t)$ durch eine reine Verschiebung der zum Zeitpunkt $t = 0$ einsetzenden Funktion f(t) entstanden ist, die ja als eine kausale Zeitfunktion für Zeitpunkte $t < 0$ den Wert Null hat. Diese erst ab dem Zeitpunkt $t = t_o$ vorhandene Funktion $f^*(t)$ kann auch durch

$$f^*(t) = f(t - t_o) \cdot \varepsilon(t - t_o)$$

ausgedrückt werden, da der Faktor $\varepsilon(t - t_o)$ für Zeitpunkte $t < t_o$ den Wert 0 und für Zeitpunkte $t > t_o$ den Wert 1 hat.

<u>Satz 4.11:</u> Verschiebungssatz

> Hat die zum Zeitpunkt t = 0 einsetzende Zeitfunktion f(t) die Laplace-Transformierte F(s), so ist die Laplace-Transformierte der zeitlich verschobenen Zeitfunktion $f^*(t)$ gegeben durch $F^*(s) = F(s)e^{-st_o}$.
>
> $$f(t) \circ\!\!-\!\!\bullet F(s) \quad \rightarrow \quad f(t-t_o)\,\varepsilon(t-t_o) \circ\!\!-\!\!\bullet F(s)e^{-st_o} \tag{4.31}$$

<u>Beweis:</u>
Mit der Definitionsgleichung der Laplace-Transformation erhält man

$$L\left\{f^*(t)\right\} = \int_{t_o}^{\infty} f(t - t_o)e^{-st}dt =$$

$$= \int_{t_o}^{\infty} f(t - t_o)e^{-\left\{(t - t_o) + t_o\right\}s}\,dt$$

Durch Einführen einer neuen Integrationsvariablen $\tau = t - t_o$ geht die untere Integrationsgrenze $t_1 = t_o$ über in $\tau_1 = 0$, während die obere Integrationsgrenze $t_2 = \infty$ unverändert in $\tau_2 = \infty$ übergeführt wird. Damit wird

$$L\left\{f^*(t)\right\} = e^{-st_o} \int_0^\infty f(\tau) e^{-s\tau}\, d\tau = e^{-st_o} L\left\{f(t)\right\}$$

Eine Verschiebung einer Zeitfunktion f(t) mit der Laplace-Transformierten F(s) um ein Zeitintervall t_o hat im Bildbereich der Laplace-Transformation eine Multiplikation der Bildfunktion F(s) mit dem Faktor e^{-st_o} zur Folge.

Bildfunktionen mit einem derartigen Faktor e^{-st_o} ergeben im Originalbereich Zeitfunktionen, die erst zum Zeitpunkt $t = t_o$ einsetzen und für Zeitpunkte $t < t_o$ den Wert Null haben.

Da in der Elektrotechnik häufig Ströme oder Spannungen betrachtet werden, die erst von einem Zeitpunkt $t = t_o$ ab wirksam werden, wird dieser Satz in den Anwendungen der Laplace-Transformation oft benützt.

<u>Beispiel 4.17:</u> Gegeben ist die zum Zeitpunkt $t = t_o$ einsetzende Sprungfunktion

$$\varepsilon(t - t_o) = \begin{cases} 0 & \text{für } t < t_o \\ 1 & \text{für } t > t_o \end{cases}$$

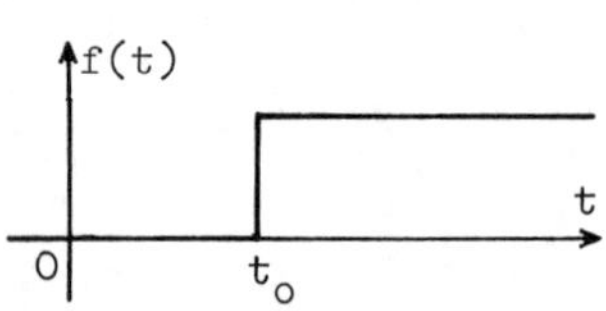

Bild 4.11 Funktionsverlauf $f(t) = \varepsilon(t - t_o)$

Es soll die zugehörige Bildfunktion F(s) bestimmt werden.

Aus $\varepsilon(t)$ ○—● $1/s$ folgt mit dem Verschiebungsatz für die gesuchte Bildfunktion

$$F(s) = L\left\{\varepsilon(t - t_o)\right\} = \frac{e^{-st_o}}{s}$$

<u>Beispiel 4.18:</u> Es soll die Laplace-Transformierte eines zur Zeit $t = 0$ einsetzenden Rechteckimpulses der Impulsdauer τ und der Impulshöhe A bestimmt werden.

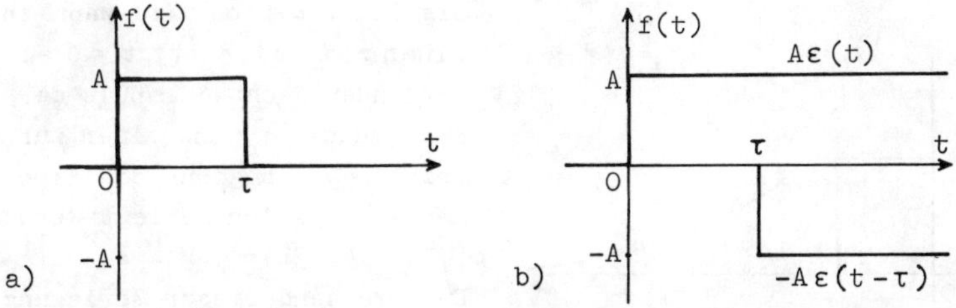

Bild 4.12 Rechteckimpuls (a) und Zerlegung des Impulses in zwei Teilfunktionen (b)

Entsprechend der Zerlegung des Rechteckimpulses in zwei Teilfunktionen nach Bild 4.12 erhält man für die Originalfunktion die Darstellung

$$f(t) = A\left[\varepsilon(t) - \varepsilon(t - \tau)\right]$$

und durch Anwenden des Verschiebungssatzes die gesuchte Bildfunktion

$$F(s) = \frac{A}{s}(1 - e^{-s\tau})$$

In diesem einfachen Beispiel kann die Bildfunktion F(s) auch durch das Laplace-Integral

$$F(s) = \int_0^\tau A.e^{-st}\,dt = A\left[\frac{e^{-st}}{-s}\right]_0^\tau = \frac{A}{s}(1 - e^{-s\tau})$$

berechnet werden. In weniger einfachen Fällen ist es vorteilhaft, mit Hilfe des Verschiebungssatzes Integrationen zu vermeiden.

Beispiel 4.19: Man bestimme die Laplace-Transformierte der Zeitfunktion

$$f(t) = \begin{cases} A & \text{für } 0 \leq t \leq t_o \\ Ae^{-2(t-t_o)} & \text{für } t > t_o \end{cases}$$

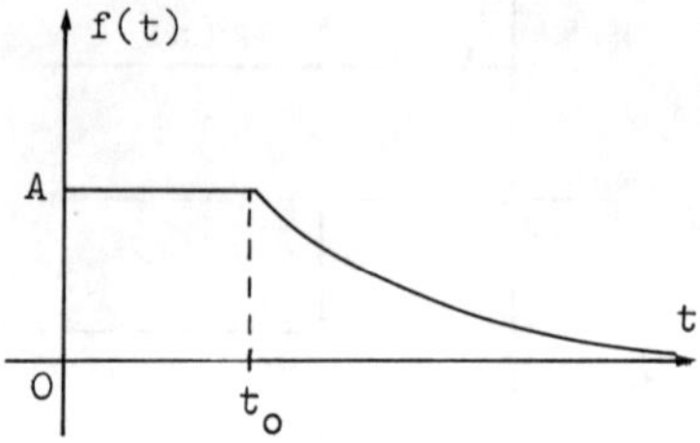

Bild 4.13 Zeitfunktion f(t)

Die Zeitfunktion f(t) kann in einen zum Zeitpunkt t = 0 einsetzenden Rechteckimpuls der Impulsdauer t_o und einer zur Zeit $t = t_o$ beginnenden Exponentialfunktion zerlegt werden (Bild 4.13).
Entsprechend dieser Zerlegung ergibt sich für die Zeitfunktion die Darstellung

$$f(t) = A\left[\varepsilon(t) - \varepsilon(t - t_o)\right] + A\,e^{-2(t-t_o)}\,\varepsilon(t-t_o)$$

und mit dem Verschiebungssatz die zugehörige Laplace-Transformierte

$$F(s) = \frac{A}{s}(1 - e^{-st_o}) + \frac{A}{s+2}\,e^{-st_o}$$

Beispiel 4.20: Es soll die Laplace-Transformierte der Zeitfunktion

$$f(t) = \begin{cases} \frac{A}{\tau}\,t & \text{für } 0 \leq t \leq \tau \\ 0 & \text{für } t > \tau \end{cases}$$

bestimmt werden.
Entsprechend der Zerlegung der Funktion f(t) in drei Teilfunktionen nach Bild 4.14 gilt

$$f(t) = \frac{A}{\tau}\,t - \frac{A}{\tau}(t - \tau)\,\varepsilon(t - \tau) - A\,\varepsilon(t - \tau)$$

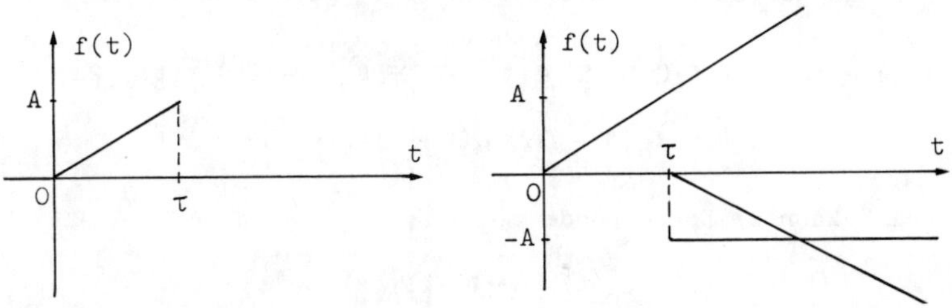

Bild 4.14 Zeitfunktion f(t) und ihre Zerlegung in Teilfunktionen

Durch Laplace-Transformation unter Verwendung des Verschiebungssatzes erhält man

$$F(s) = \frac{1}{\tau} \cdot \frac{A}{s^2} \left[1 - e^{-s\tau} \right] - \frac{A}{s} e^{-s\tau}$$

<u>Beispiel 4.21:</u> Eine Zeitfunktion f(t) entstehe durch periodisches Fortsetzen der Funktion

$$f_o(t) = \begin{cases} \text{definiert für} & 0 \leqq t \leqq T \\ 0 & \text{für alle übrigen Zeitpunkte} \end{cases}$$

Man bestimme die Laplace-Transformierte F(s) dieser periodischen Zeitfunktion f(t).

Die gegebene periodische Zeitfunktion f(t) entsteht dadurch, daß die Funktion $f_o(t)$, um die Periodendauer T, bzw. um 2T, 3T,... verschoben, immer wiederkehrt (Bild 4.15).

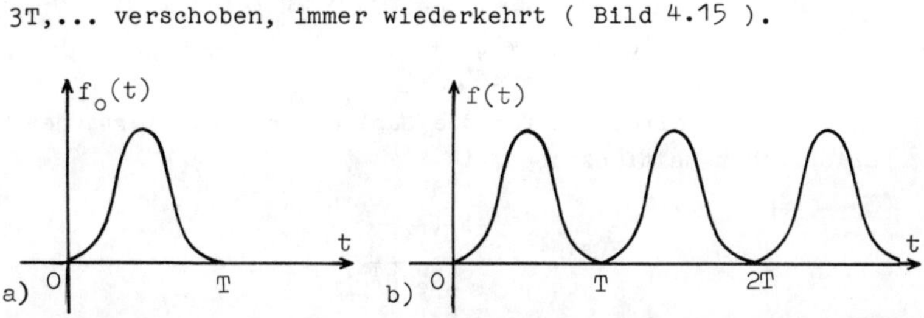

Bild 4.15 Zeitfunktion $f_o(t)$ und periodische Funktion f(t)

Für die periodische Zeitfunktion f(t) gilt daher

$$f(t) = f_o(t) + f_o(t - T)\,\varepsilon(t - T) + f_o(t - 2T)\,\varepsilon(t - 2T) +$$
$$+ f_o(t - 3T)\,\varepsilon(t - 3T) + \dots$$

Bei bekannter Korrespondenz

$$f_o(t) \circ\!\!-\!\!\bullet F_o(s)$$

erhält man mit dem Verschiebungssatz

$$F(s) = F_o(s)\left[1 + e^{-sT} + e^{-s2T} + e^{-s3T} + \dots\right]$$
$$= F_o(s)\left[1 + e^{-sT} + (e^{-sT})^2 + (e^{-sT})^3 + \dots\right]$$

Der Ausdruck in der eckigen Klammer ist eine unendliche geometrische Reihe mit dem Faktor $q = e^{-sT}$. Die unendliche Reihe konvergiert wegen

$$|q| = |e^{-sT}| = e^{-\sigma T} \cdot |e^{-j\omega T}| < 1$$

für $\sigma > 0$, eine Bedingung, die in der Konvergenzhalbebene der Sprungfunktion ($\sigma > 0$), erfüllt ist.

Mit der Summenformel der konvergenten unendlichen geometrischen Reihe

$$S = 1 + q + q^2 + q^3 + q^4 + \dots = \frac{1}{1 - q}$$

ergibt sich schließlich für die Laplace-Transformierte der periodischen Zeitfunktion f(t)

$$F(s) = \frac{F_o(s)}{1 - e^{-sT}}$$

Beispiel 4.22: Gegeben ist die Bildfunktion $F(s) = e^{-2s}/(s+3)$. Gesucht ist die zugehörige Originalfunktion f(t).

Aus der Korrespondenz $1/(s+3) \bullet\!\!-\!\!\circ e^{-3t}$
folgt mit dem Verschiebungssatz

$$f(t) = \begin{cases} e^{-3(t-2)} & \text{für } t \geqq 2 \\ 0 & \text{für } t < 2 \end{cases}$$

bzw. $$f(t) = e^{-3(t-2)}\,\varepsilon(t-2)$$

Beispiel 4.23: Zur Bildfunktion

$$F(s) = \frac{\omega(1 - e^{sT})}{s^2 + \omega^2}$$

mit der Kreisfrequenz $\omega = 2\pi/T$ soll die Originalfunktion f(t) bestimmt werden.

Wir zerlegen die gegebene Bildfunktion in die Teilbrüche

$$F(s) = \frac{\omega}{s^2 + \omega^2} - \frac{\omega}{s^2 + \omega^2}\,e^{-sT}$$

und erhalten mit dem Verschiebungssatz die Originalfunktion

$$f(t) = \sin(\omega t) - \sin\omega(t-T)\,\varepsilon(t-T)$$

Der Funktion $f_1(t) = \sin(\omega t)$, die zur Zeit $t = 0$ einsetzt, überlagert sich für $t > T$ die Funktion $f_2(t) = -\sin\omega(t-T)$, die erst vom Zeitpunkt $t > T$ ab wirksam wird.
Die Originalfunktion f(t) hat daher für Zeitpunkte $t > T$ den Wert Null.

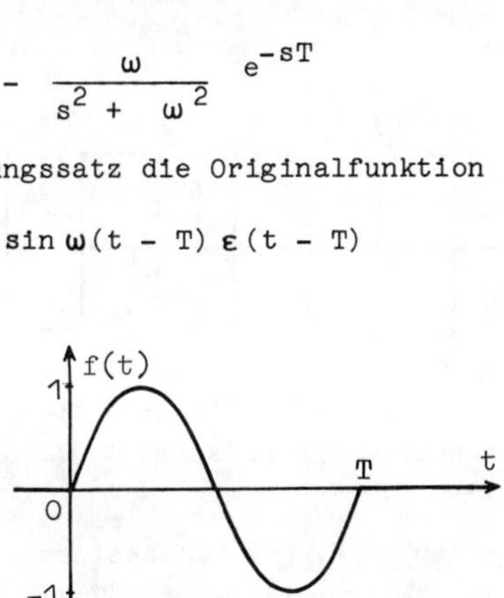

Bild 4.16 Zeitfunktion f(t)

Übungsaufgaben zum Abschn. 4.3.3 (Lösungen im Anhang)

Beispiel 4.24: Man bestimme die Bildfunktionen F(s) zu den folgenden Originalfunktionen

a) $$f(t) = \begin{cases} (t-1)^2 & \text{für } t \geqq 1 \\ 0 & \text{für } t < 1 \end{cases}$$

b) $$f(t) = \begin{cases} t & \text{für } 0 \leqq t \leqq 3 \\ 3 & \text{für } t > 3 \end{cases}$$

c) $$f(t) = \begin{cases} \sin t & \text{für } t \leqq \pi \\ 0 & \text{für } t > \pi \end{cases}$$

Beispiel 4.25: Man berechne die Laplace-Transformierte F(s) eines Rechteckimpulses der Impulshöhe A, der zur Zeit t_1 be- und zum Zeitpunkt t_2 endet.

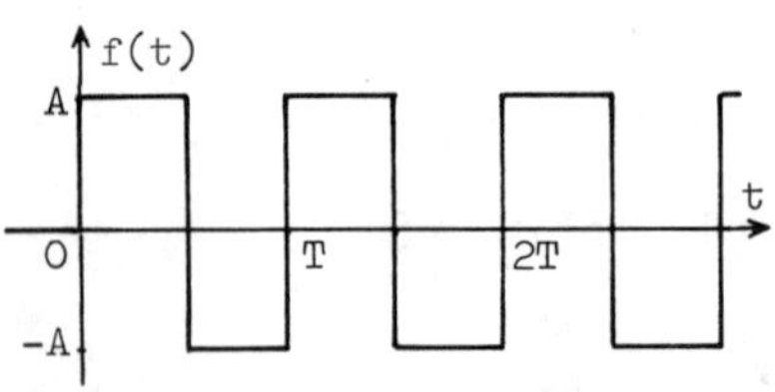

Bild 4.17 Periodische Zeitfunktion von Beispiel 4.26

Beispiel 4.26: Man bestimme die Laplace-Transformierte F(s) der in Bild 4.17 dargestellten periodischen Zeitfunktion f(t).

Beispiel 4.27: Man bestimme die Laplace-Transformierte F(s) der Zeitfunktion

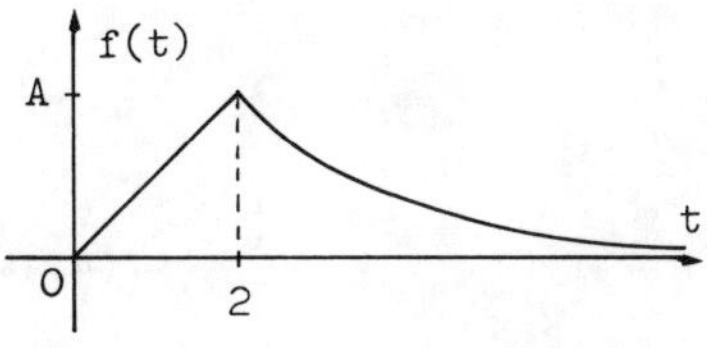

$$f(t) = \begin{cases} \frac{A}{2} \cdot t & \text{für } t \leqq 2 \\ A\, e^{-(t-2)} & \text{für } t > 2 \end{cases}$$

Der Verlauf dieser Zeitfunktion ist in Bild 4.18 dargestellt.

Bild 4.18 Zeitfunktion f(t)

Beispiel 4.28: Es sollen die Originalfunktionen f(t) zu den folgenden Bildfunktionen bestimmt werden.

a) $F(s) = e^{-2s}/(s^2)$ b) $F(s) = e^{-5s}/(s^4)$

c) $F(s) = se^{-\pi s/2}/(s^2 + 25)$ d) $F(s) = (1 - e^{-2s})/(s^3)$

4.3.4 Dirac'sche Deltafunktion

Bevor wir uns mit weiter mit Regeln der Laplace-Transformation beschäftigen, ist es zweckmäßig, eine spezielle Zeitfunktion, die Deltafunktion, zu betrachten, die insbesondere auch in den Anwendungen der Laplace-Transformation in der Elektrotechnik eine wichtige Rolle spielt.

Die Deltafunktion wurde 1947 von dem Engländer Paul D i r a c durch die Eigenschaften

$$\delta(t) = 0 \qquad \text{für alle } t \neq 0 \tag{4.32}$$

$$\int_{-\infty}^{\infty} \delta(t)\,dt = 1 \tag{4.33}$$

eingeführt. Da diese Gleichungen die Deltafunktion nicht eindeutig definieren, verwendet man heute folgende Festlegung.

Definition 4.5:

Die durch die Eigenschaft

$$\int_{-\infty}^{\infty} \delta(t) . f(t) dt = f(0) \tag{4.34}$$

definierte Funktion $\delta(t)$, heißt Deltafunktion, wobei $f(t)$ eine beliebige, an der Stelle $t = 0$ stetige Funktion ist.

Aus der Definitionsgleichung (4.34) folgen die ursprünglich von Dirac geforderten Eigenschaften der Deltafunktion. So erhält man etwa Gl. (4.33) aus Gl. (4.34) durch Einsetzen der Zeitfunktion $f(t) = 1$.
Eine Funktion mit den Eigenschaften der Deltafunktion ist im Rahmen der klassischen Analysis nicht vorstellbar. Die Deltafunktion wurde daher vielfach als "Pseudofunktion" bezeichnet und fand erst in einer neuen mathematischen Disziplin als "Distribution" oder "verallgemeinerte Funktion" eine Erklärung. Man kann eine Distribution oder verallgemeinerte Funktion als Grenzwert einer Folge von gewöhnlichen Funktionen definieren.

Satz 4.12:

Es sei $g_n(t)$ eine Folge von gewöhnlichen Funktionen mit der Eigenschaft

$$\lim_{n \to \infty} \int_{-\infty}^{\infty} g_n(t) . f(t) dt = f(0) \tag{4.35}$$

dann gilt

$$\lim_{n \to \infty} g_n(t) = \delta(t) \tag{4.36}$$

Alle Funktionsfolgen von Bild 4.19 sind Folgen von kausalen Zeitfunktionen, die Gl.(4.35) erfüllen. Im allgemeinen werden Funktionsfolgen gewählt, die symmetrisch zu t = 0 verlaufen. Wir wollen uns jedoch hier im Rahmen der Laplace-Transformation auf Folgen kausaler Zeitfunktionen beziehen.

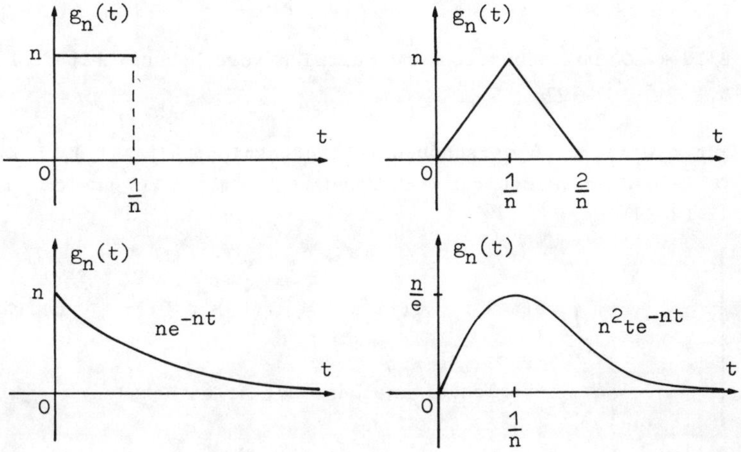

Bild 4.19 Funktionsfolgen $g_n(t)$

Jede diese Folge von Funktionen ist auch normiert, d.h. es gilt

$$\int_{-\infty}^{\infty} g_n(t)\,dt = 1$$

Die Funktionenfolgen $g_n(t)$ sind physikalisch als Folgen von Impulsen der Impulsfläche 1 interpretierbar, die mit wachsenden n kürzer und höher werden.
Die Deltafunktion beschreibt daher einen idealisierten Impuls (Impulsdauer → 0) der Impulsfläche 1 und heißt deshalb auch Impulsfunktion (Deltaimpuls) und wird graphisch durch einen Pfeil der Länge 1 (Bild 4.20) dargestellt.

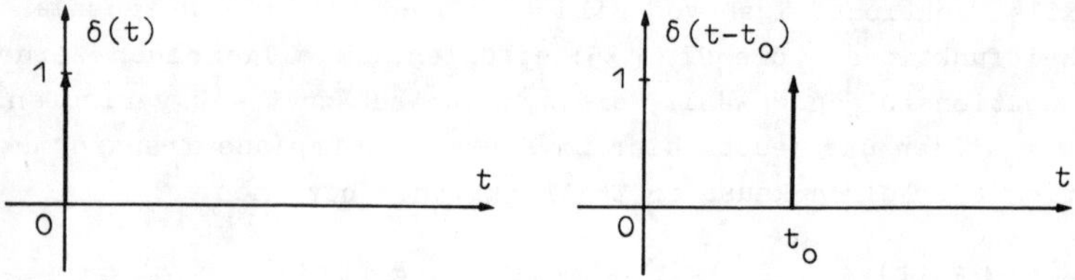

Bild 4.20 Deltafunktion und zeitlich verschobene Deltafunktion

Für die zeitlich verschobene Deltafunktion $\delta(t - t_o)$, d.h. für einen Deltaimpuls zum Zeitpunkt $t = t_o$ gilt analog zu Gl.(4.34)

$$\int_{-\infty}^{\infty} \delta(t - t_o).f(t)\,dt = f(t_o) \qquad (4.37)$$

(Ausblendeigenschaft der Deltafunktion)

Da die Funktion $\delta(t - t_o)$ nur zum Zeitpunkt $t = t_o$ von Null verschieden verschieden ist, gilt für das Produkt einer Zeitfunktion $f(t)$ mit der Deltafunktion $\delta(t - t_o)$

$$f(t).\,\delta(t - t_o) = f(t_o).\,\delta(t - t_o) \qquad (4.38)$$

und insbesondere auch

$$f(t).\,\delta(t) = f(0).\,\delta(t) \qquad (4.39)$$

Als eine besonders einfache Folge von kausalen Zeitfunktionen, die gegen die Deltafunktion konvergieren, wollen wir eine Folge von Reckteckimpulsen betrachten, deren Impulsfläche stets 1 ist und deren Impulsdauer τ gegen Null konvergiert.

Wir erhalten damit

$$\delta(t) = \lim_{\tau \to 0} \frac{\varepsilon(t) - \varepsilon(t-\tau)}{\tau}$$

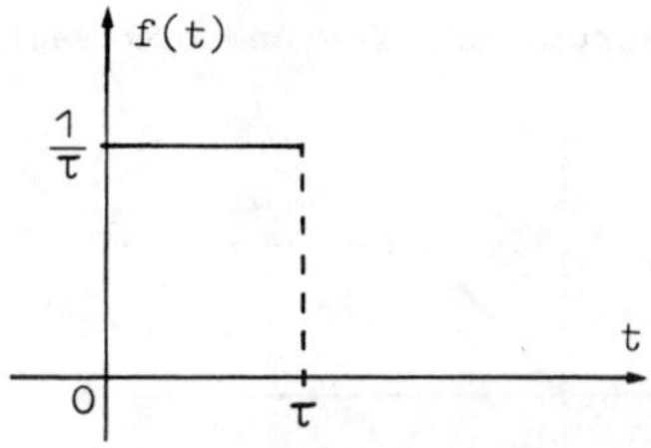

Bild 4.21 Rechteckimpuls

Mit dem Verschiebungssatz erhalten wir für die Laplace-Transformierte F(s) der Deltafunktion

$$F(s) = \lim_{\tau \to 0} \frac{1}{\tau}\left[\frac{1}{s} - \frac{e^{-s\tau}}{s}\right] = \frac{1}{s} \lim_{\tau \to 0} \frac{1 - e^{-s\tau}}{\tau}$$

Da der letzte Ausdruck für $\tau \to 0$ unbestimmt von der Form 0/0 wird, können nach der Regel von L'Hospital Zähler und Nenner nach der Variablen τ des Grenzübergangs differenziert und dann der Grenzübergang durchgeführt werden. Man erhält

$$F(s) = \frac{1}{s} \lim_{\tau \to 0} \frac{s.e^{-s\tau}}{1} = 1$$

Es ergibt sich damit die wichtige Korrespondenz

$$\delta(t) \circ\!\!-\!\!\bullet\ 1 \tag{4.39}$$

Der Originalfunktion f(t) = δ(t) entspricht im Bildbereich die Funktion F(s) = 1. Die in ihrer Definition etwas problematische Deltafunktion hat eine besonders einfache Laplace-Transformierte.

Für die Funktion $f(t) = \delta(t - t_o)$, einem Deltaimpuls zur Zeit $t = t_o$, erhält man mit dem Verschiebungssatz die Korrespondenz

$$\delta(t - t_o) \circ\!\!-\!\!\bullet\ e^{-st_o} \tag{4.40}$$

Wir wollen nun einen Zusammenhang zwischen der Ableitung der Sprungfunktion und der Deltafunktion herleiten.

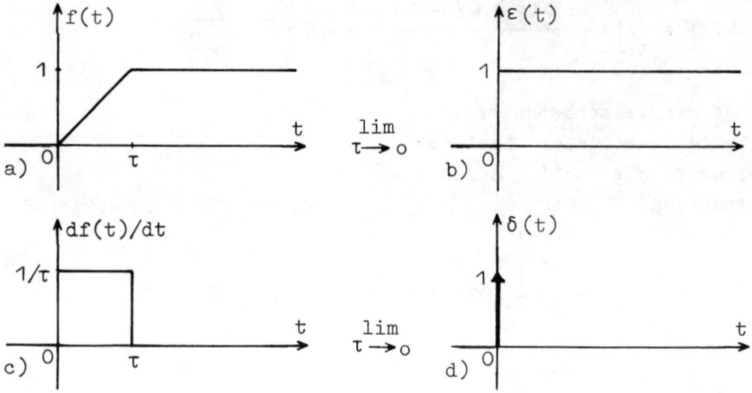

Bild 4.22 Deltafunktion als verallgemeinerte Ableitung der Sprungfunktion

Für die Ableitung der Sprungfunktion gilt

$$\frac{d\,\varepsilon(t)}{dt} = \begin{cases} 0 & \text{für } t \neq 0 \\ \text{nicht definiert} & \text{für } t = 0 \end{cases}$$

Die Funktion f(t) von Bild 4.22 steigt im Zeitintervall von 0 bis τ linear vom Funktionswert 0 auf den Wert 1 an und behält diesen Wert für $t > \tau$ bei. Ihre Ableitung hat demententsprechend für $0 < t < \tau$ den Wert $1/\tau$, für alle anderen Zeitpunkte den Wert Null.
Im Grenzfall $\tau \to 0$ geht die Funktion f(t) in die Sprungfunktion $\varepsilon(t)$ und ihre Ableitung in die Deltafunktion über. Man bezeichnet daher die Deltafunktion als <u>verallgemeinerte Ableitung</u> der Sprungfunktion und schreibt dafür

$$D\,\varepsilon(t) = \delta(t), \tag{4.41}$$

wobei D (Derivation) als Symbol für die verallgemeinerte Ableitung gewählt wurde.

4.3.5 Dämpfungssatz

Satz 4.13:

> Entspricht einer Zeitfunktion $f(t)$ die Laplace-Transformierte $F(s)$, so entspricht der gedämpften Zeitfunktion $f(t).e^{-at}$ die Laplace-Transformierte $F(s + a)$.
>
> $$f(t) \circ\!\!-\!\!\bullet F(s) \quad \rightarrow \quad f(t).e^{-at} \circ\!\!-\!\!\bullet F(s + a) \qquad (4.42)$$

Beweis: Zum Beweis greifen wir auf die Definitionsgleichung der Laplace-Transformation zurück und erhalten

$$f(t).e^{-at} \circ\!\!-\!\!\bullet \int_0^\infty f(t)\; e^{-at}\; e^{-st} dt = \int_0^\infty f(t)\; e^{-(s+a)t}\; dt$$

Das letzte Integral unterscheidet sich von der Laplace-Transformierten der Funktion $f(t)$, nämlich

$$F(s) = \int_0^\infty f(t)\; e^{-st}\; dt$$

nur dadurch, daß s durch s + a ersetzt ist.

Die Laplace-Transformierte der Zeitfunktion $f(t).e^{-at}$ unterscheidet sich von der Laplace-Transformierten der Funktion $f(t)$ nur dadurch, daß s durch s + a ersetzt ist.
Wir hatten gesehen, daß eine Verschiebung um t_o im Zeitbereich einen Faktor e^{-st_o} im Bildbereich zur Folge hat (Verschiebungssatz). Umgekehrt bedingt ein Faktor e^{-at} bei der Zeitfunktion eine Verschiebung im Bildbereich.
Der hier gewählte Name "Dämpfungssatz" ist inhaltlich nur dann gerechtfertigt, wenn Re a > 0 ist, d.h. wenn der Faktor e^{-at} wirklich zeitlich abklingt. Bei den Anwendungen in der Elektrotechnik ist dies i.allg. der Fall. Der Satz gilt auch für zeitlich ansteigende Faktoren e^{-at} bei Re a > 0.

<u>Beispiel 4.29:</u> Es soll die Laplace-Transformierte der Zeitfunktion $f(t) = e^{-3t}\sin(2t)$ bestimmt werden.

Aus der Korrespondenz $\sin(2t) \circ\!\!-\!\!\bullet\ 2/(s^2 + 4)$ folgt mit dem Dämpfungssatz, indem man wegen des zusätzlichen Faktors e^{-3t} die Variable s durch s + 3 ersetzt

$$e^{-3t}\sin(2t) \circ\!\!-\!\!\bullet \frac{2}{(s+3)^2 + 4} = \frac{2}{s^2 + 6s + 13}$$

<u>Beispiel 4.30:</u> Gesucht ist die zu der verzögert einsetzenden Originalfunktion

$$f(t) = 5(t - \tau)\, e^{-2(t - \tau)}\, \varepsilon(t - \tau)$$

gehörende Bilfunktion F(s).

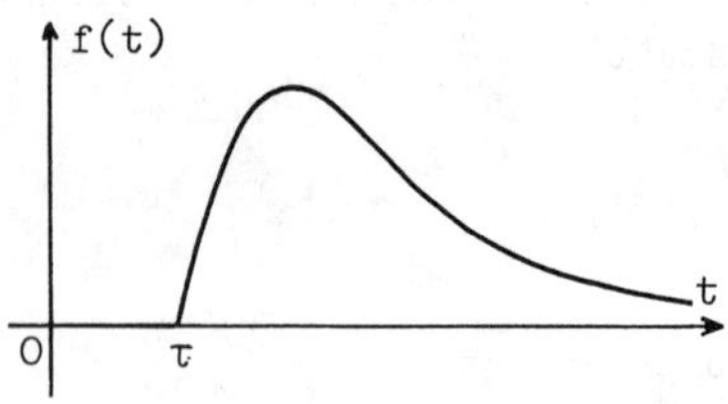

Bild 4.23 Zeitfunktion

Gehen wir aus von der Korrespondenz

$$5t \circ\!\!-\!\!\bullet\ 5/(s^2).$$

Um die Laplace-Transformierte der gedämpften Zeitfunktion $5te^{-2t}$ zu erhalten, müssen wir den Dämpfungssatz anwenden, d.h. wir müssen die Variable s durch s + 2 ersetzen. Wir finden damit die nachfolgende Korrespondenz

$$5te^{-2t} \circ\!\!-\!\!\bullet\ 5/(s + 2)^2$$

Die gegebene, verzögert einsetzende Zeitfunktion f(t) entsteht aus der Zeitfunktion $5te^{-2t}$ durch eine Verschiebung um das Zeitintervall τ . Mit dem Verschiebungssatz ergibt sich schließlich die gesuchte Bildfunktion

$$F(s) = \frac{5}{(s + 2)^2}\, e^{-s\tau}$$

Beispiel 4.31: Gegeben ist die Bildfunktion

$$F(s) = \frac{s + 5}{s^2 + 2s + 10}$$

Es soll die zughörige Originalfunktion f(t) ermittelt werden.

Die Bildfunktion F(s) kann umgeformt werden in

$$F(s) = \frac{s + 5}{(s + 1)^2 + 9} = \frac{s + 1}{(s + 1)^2 + 3^2} + \frac{4}{3} \frac{3}{(s + 1)^2 + 3^2}$$

Mit den bekannten Korrespondenzen

$$\sin(at) \circ\!\!-\!\!\bullet \frac{a}{s^2 + a^2} \quad \text{und} \quad \cos(at) \circ\!\!-\!\!\bullet \frac{s}{s^2 + a^2}$$

folgt unter Beachtung des Dämpfungssatzes

$$f(t) = \left[\cos(3t) + \frac{4}{3}\sin(3t)\right] e^{-t}$$

Beispiel 4.32: Man bestimme die Originalfunktion zur Bildfunktion $F(s) = 1/(s + a)^2$.

Aus $1/(s^2) \bullet\!\!-\!\!\circ t$ folgt unter Verwendung des Dämpfungssatzes für die gesuchte Zeitfunktion $f(t) = te^{-at}$.

Übungsaufgaben zum Abschn. 4.3.5 (Lösungen im Anhang)

Beispiel 4.33: Man bestimme die Bildfunktionen F(s) zu den folgenden Zeitfunktionen

a) $f(t) = t^2 e^{-5t}$ b) $f(t) = t^4 e^{3t}$

c) $f(t) = e^{-\delta t}\cos(\omega t)$ d) $f(t) = e^{-2t}\cosh t$

e) $f(t) = (1 + te^{-t})^2$ f) $f(t) = \begin{cases} e^{-2(t-1)}\sin(t-1), & t \geq 1 \\ 0, & t < 1 \end{cases}$

Beispiel 4.34: Man ermittle die Originalfunktionen f(t) zu den Bildfunktionen

a) $F(s) = \dfrac{1}{s^2 + 2s + 1}$ b) $F(s) = \dfrac{1}{s^2 + 4s + 8}$

c) $F(s) = \dfrac{s + 1}{s^2 + 2s - 3}$ d) $F(s) = \dfrac{1}{(s + a)^3}$

e) $F(s) = \dfrac{e^{-2s}}{(s + 1)^3}$ f) $F(s) = \dfrac{e^{-3s}}{s^2 + 2s + 5}$

g) $F(s) = \dfrac{1 - e^{-3s}}{(s + 2)^2}$ h) $F(s) = \dfrac{\sqrt{\pi}}{(s + 3)^{3/2}}$

4.3.6 Partialbruchzerlegungen

Bei den Anwendungen der Laplace-Transformation sind die dabei auftretenden Bildfunktionen i. allg. echt gebrochen rationale Funktionen

$$F(s) = \frac{Z(s)}{N(s)} = \frac{a_n s^n + a_{n-1} s^{n-1} + \dots + a_1 s + a_o}{b_m s^m + b_{m-1} s^{m-1} + \dots + b_1 s + b_o}$$

der Variablen s. Zähler Z(s) und Nenner N(s) sind ganze rationale Funktionen (Polynome) vom Grad n bzw. m, wobei der Grad des Zählers kleiner ist als der Grad des Nenners. Die Koeffizienten a_i und b_i sind reelle Zahlen.

Die inverse Laplace-Transformation, d.h. die Bestimmung der zugehörigen Originalfunktion f(t) kann mit der im Abschnitt 4.2 behandelten Residuenmethode durchgeführt werden. Dazu müssen die Pole der Bildfunktion F(s) bekannt sein. Die Bestimmung der Pole (= Nullstellen des Nenners N(s)) führt zu der Aufgabe, die algebraische Gleichung m-ten Grades

$$N(s) = b_m s^m + b_{m-1} s^{m-1} + \ldots + b_1 s + b_o = 0$$

zu lösen. Zur Berechnung der Lösungen dieser algebraischen Gleichung m-ten Grades werden für $m > 2$ meist Näherungsverfahren verwendet, deren Durchführung mit den heutigen elektronischen Rechenhiflsmitteln i.allg. unproblematisch ist.

Sind die Nullstellen s_i des Nenners bekannt, so kann der Nenner in ein Produkt von Linearfaktoren zerlegt werden und man erhält für die Bildfunktion

$$F(s) = \frac{Z(s)}{(s - s_1)(s - s_2) \ldots (s - s_m)}$$

Eine außerordentlich wichtige Methode der inversen Laplace-Transformation besteht darin, die Bildfunktion F(s) in möglichst einfache Partialbrüche (Teilbrüche) zu zerlegen und diese unter Verwendung des Additionssatzes gliedweise in den Originalbereich zu transformieren.
Je nach der Art der auftretenden Pole der Bildfunktion F(s) ergeben sich für die Partialbruchzerlegung die folgenden Fälle.

a) Bildfunktion mit nur einfachen reellen Polen

Satz 4.14:

Hat die echt gebrochen rationale Bildfunktion F(s) nur einfache reelle Pole, so gilt folgende Partialbruchzerlegung

$$F(s) = \frac{A_1}{s - s_1} + \frac{A_2}{s - s_2} + \ldots + \frac{A_k}{s - s_k} + \ldots + \frac{A_m}{s - s_m} \quad (4.43)$$

Beweis:

Als Nenner der Teilbrüche kommen alle Faktoren des Nenners von F(s) in Frage. Da F(s) eine echt gebrochen rationale Funktion ist, müssen auch die Teilfunktionen, in die F(s) zerlegt wird, echt gebrochen rational sein. Daraus folgt, daß die Zähler der Teilbrüche konstante Zahlen sind.

Satz 4.15:

Ist die Bildfunktion F(s) eine echt gebrochen rationale Funktion mit nur einfachen reellen Polen $s = s_k$, so gilt für die zugehörige Originalfunktion

$$f(t) = \sum_{k=1}^{m} A_k \, e^{s_k t} , \qquad (4.44)$$

wobei die Koeffizienten A_k die Zähler der Partialbruchentwicklung von F(s) sind.

Diese Aussage wird auch Heaviside'scher Entwicklungssatz genannt.

Beweis:

Ausgehend von der Partialbruchzerlegung der Bildfunktion F(s) nach Gl.(4.43) erhält man mit der Korrespondenz

$$\frac{A_k}{s - s_k} \quad \bullet\!\!-\!\!\circ \quad A_k \, e^{s_k t}$$

unter Verwendung des Additionssatzes die Aussage des zu beweisenden Satzes.

Nachdem sowohl die allgemeine Form der Partialbruchzerlegung der Bildfunktion F(s), als auch die allgemeine Form der Originalfunktion f(t) feststehen, müssen noch die Zähler A_k der Teilbrüche berechnet werden.

Das hierfür übliche Verfahren besteht darin, die Bildfunktion mit dem Hauptnenner der Teilbrüche, d.h. mit dem Produkt der Teilnenner $(s-s_1)(s-s_2)...(s-s_k)...(s-s_m)$ zu multilplizieren. In die dadurch erhaltene Gleichung, die für alle Werte s gültig ist, werden für die komplexe Variable s nacheinander m "günstige" Werte eingesetzt. Günstige s-Werte sind in diesem Falle die Polstellen s_k. Auf diese Weise entstehen m Gleichungen für je einen unbekannten Zähler A_k.

In vielen Fällen ist eine Formel zur Bestimmung der A_k zweckmäßig. Multiplziert man den Ansatz zur Partialbruchzerlegung

$$F(s) = \frac{A_1}{s - s_1} + \frac{A_2}{s - s_2} + \ldots + \frac{A_k}{s - s_k} + \ldots + \frac{A_m}{s - s_m}$$

mit dem Faktor $(s - s_k)$, so folgt

$$(s-s_k)F(s) = \frac{A_1(s-s_k)}{s - s_1} + \frac{A_2(s-s_k)}{s - s_2} + \ldots + A_k + \ldots + \frac{A_m(s-s_k)}{s - s_m}$$

Da die Polstellem nach Voraussetzung alle verschieden sind, kürzt sich der Faktor $(s - s_k)$ nur bei dem Teilbruch mit dem Zähler A_k. Setzt man in die neu entstandene Gleichung für s den Wert s_k ein, so folgt

$$A_k = \Big[(s - s_k) F(s) \Big]_{s=s_k} = \lim_{s \to s_k} (s - s_k) F(s) \qquad (4.45)$$

Die Bildfunktion F(s), die in Teilbrüche zerlegt werden soll, wird mit $(s - s_k)$ multipliziert. Der dadurch entstehende Ausdruck wird durch Einsetzen der Polstelle s_k für die Variable s unbestimmt von der Form "Null . Unendlich". Da aber der Nenner von F(s) den Linearfaktor $(s - s_k)$ enthält, entsteht durch Kürzen dieses Faktors ein Ausdruck, in den für s der Wert s_k eingesetzt werden kann.

Mit F(s) = Z(s)/N(s) kann Gl. (4.45) umgeformt werden in

$$A_k = \left[\frac{Z(s)}{\dfrac{N(s)}{s - s_k}} \right]_{s = s_k} \qquad (4.46)$$

Wir betrachten nun den in Gl. (4.46) auftretenden Ausdruck

$$\left[\frac{N(s)}{s - s_k} \right]_{s = s_k} = \lim_{s \to s_k} \left[\frac{N(s)}{s - s_k} \right]$$

Kürzt man diesen Ausdruck nun nicht mit $s - s_k$, was möglich ist, da der Linearfaktor $s - s_k$ im Nenner N(s) enthalten ist, so ist er unbestimmt von der Form 0/0.

Auf Ausdrücke dieser Form kann die Regel von L'Hospital

$$\lim_{s \to s_k} \left[\frac{N(s)}{s - s_k} \right] = \lim_{s \to s_k} \frac{dN(s)/ds}{1} = \left[\frac{dN(s)}{ds} \right]_{s = s_k}$$

angewendet werden. Damit geht Gl. (4.46) über in

$$A_k = \left[\frac{Z(s)}{dN(s)/ds} \right]_{s = s_k} \qquad (4.47)$$

In manchen Fällen ist Gl. (4.47) zur Berechnung der Zähler A_k der Teilbrüche besser geeignet als Gl.(4.45).

<u>Beispiel 4.35:</u> Zur Bildfunktion $F(s) = \dfrac{1}{s(s - 1)}$ soll die zugehörige Zeitfunktion f(t) bestimmt werden.

Die Bildfunktion F(s) hat die einfachen reellen Pole $s_1 = 0$ und $s_2 = 1$. Für F(s) ergibt sich damit die Partialbruchzerlegung

$$F(s) = \frac{1}{s(s - 1)} = \frac{A_1}{s} + \frac{A_2}{s - 1}$$

Multiplzieren dieses Ansatzes zur Partialbruchzerlegung mit $N(s) = s(s - 1)$ ergibt

$$1 = A_1(s-1) + A_2 s$$

$$s = 0: \quad 1 = A_1(-1) \rightarrow A_1 = -1$$

$$s = 1: \quad 1 = A_2 \rightarrow A_2 = 1$$

Gl. (4.45) ergibt analog:

$$A_1 = \left[\frac{1}{s-1}\right]_{s=0} = -1 \quad \text{und} \quad A_2 = \left[\frac{1}{s}\right]_{s=1} = 1$$

Die Partialbruchzerlegung der Bildfunktion lautet damit

$$F(s) = -1/s + 1/(s-1)$$

Durch gliedweises Übersetzen in den Zeitbereich erhält man die zugehörige Originalfunktion

$$f(t) = -1 + e^t$$

<u>Beispiel 4.36:</u> Gegeben ist $F(s) = \dfrac{2s^2 + 3s - 1}{s^3 - s}$. Man bestimme die Originalfunktion f(t).

Die Bildfunktion F(s) hat die einfachen reellen Pole $s_1 = 0$, $s_2 = 1$ und $s_3 = -1$. Damit ergibt sich der folgende Ansatz zur Partialbruchzerlegung

$$F(s) = \frac{A_1}{s} + \frac{A_2}{s-1} + \frac{A_3}{s+1}$$

Mit der Ableitung des Nenners $dN(s)/ds = 3s^2 - 1$ erhält man mit Gl.(4.47)

$$A_1 = \left[\frac{2s^2 + 3s - 1}{3s^2 - 1}\right]_{s=0} = 1, \quad A_2 = \left[\frac{2s^2 + 3s - 1}{3s^2 - 1}\right]_{s=1} = 2$$

und

$$A_3 = \left[\frac{2s^2 + 3s - 1}{3s^2 - 1} \right]_{s=-1} = -1.$$

Der Bildfunktion $F(s) = \frac{1}{s} + \frac{2}{s-1} - \frac{1}{s+1}$ entspricht damit die Zeitfunktion

$$f(t) = 1 + 2\,e^{t} - e^{-t}$$

Selbstverständlich können die Zähler A_k auch durch Multiplizieren des Ansatzes zur Partialbruchzerlegung mit dem Nenner $N(s) = s(s - 1)(s + 1)$ und anschließendem Einsetzen günstiger s-Werte ($s_1 = 0$, $s_2 = 1$ und $s_3 = -1$) berechnet werden.

b) Bildfunktion mit mehrfachen reellen Polen

Es sollen nun Bildfunktionen F(s) betrachtet werden, die neben einfachen reellen Polen auch mehrfache reelle Pole haben.

Satz 4.16:

Ist F(s) eine echt gebrochen rationale Bildfunktion, die bei $s = s_o$ eine k-fache Polstelle besitzt, so gilt für sie die folgende Partialbruchzerlegung

$$F(s) = \frac{Z(s)}{(s - s_o)^k N_1(s)} = \frac{B_k}{(s - s_o)^k} + \frac{B_{k-1}}{(s - s_o)^{k-1}} + \ldots$$

$$\ldots + \frac{B_1}{s - s_o} + P(s), \qquad (4.48)$$

wobei P(s) die Summe der Partialbrüche ist, die durch die restlichen Polstellen bedingt sind.

Beweis: Die Bildfunktion F(s) läßt sich in die Anteile

$$F(s) = \frac{Z_o(s)}{(s - s_o)^k} + \frac{Z_1(s)}{N_1(s)} = F_o(s) + F_1(s)$$

zerlegen. Da F(s) als echt gebrochen rational vorausgesetzt ist, hat der Zähler $Z_o(s)$ höchstens den Grad k-1. Eine Reihenentwicklung des Zählers $Z_o(s)$ nach Potenzen von $(s - s_o)$ ergibt

$$F_o(s) = \frac{B_1(s-s_o)^{k-1} + B_2(s-s_o)^{k-2} + \ldots + B_{k-1}(s-s_o) + B_k}{(s - s_o)^k}$$

Dividiert man jedes Glied des Zählers von $F_o(s)$ durch den Nenner $(s - s_o)^k$, so erhält man die Aussage des Satzes 4.16.

Satz 4.17:

a) Eine k-fache reelle Polstelle bei $s = s_o$ bedingt im Zeitbereich den Anteil

$$f_o(t) = e^{s_o t} \sum_{n=1}^{k} B_n \frac{t^{n-1}}{(n-1)!} \qquad (4.49)$$

b) Für die Koeffizienten B_n gilt mit $n = k - r$

$$B_{k-r} = \frac{1}{r!} \left[\frac{d^r}{ds^r} \left\{ (s - s_o)^k F(s) \right\} \right]_{s=s_o} \qquad (4.50)$$

Beweis:

a) Mit der Korrespondenz $\frac{1}{s^n}$ ●—○ $\frac{t^{n-1}}{(n-1)!}$ und dem Dämpfungssatz erhält man

$$\frac{B_n}{(s - s_o)^k} \quad \bullet\!\!-\!\!\circ \quad B_n \frac{t^{n-1}}{(n-1)!} \cdot e^{s_o t} .$$

b) Multipliziert man Gl. (4.48) mit $(s - s_o)^k$, so erhält man

$$(s - s_o)^k F(s) = B_k + B_{k-1}(s - s_o) + \ldots + B_1(s - s_o)^{k-1} + \\ + (s - s_o)^k P(s) \qquad (4.51)$$

$s = s_o$ ergibt $\qquad B_k = \left[(s - s_o)^k F(s) \right]_{s=s_o}$

Differenziert man Gl.(4.51) und setzt anschließend für s den Wert s_o ein, so erhält man Gl.(4.50).

Die Verwendung von Gl.(4.50) zur Berechnung der Zähler B_n ist wegen des damit verbundenen Rechenaufwandes nicht immer vorteilhaft. Man wird in solchen Fällen den Ansatz zur Partialbruchzerlegung mit dem Hauptnenner multiplizieren und in die so erhaltene Gleichung für s günstige Werte einsetzen. Günstige Werte sind immer die reellen Polstellen von F(s), weil man dadurch jeweils eine Gleichung für nur einen unbekannten Zähler erhält. Sind nur reelle Pole vorhanden, was bis jetzt angenommen wird, so ist die Anzahl der Teilbrüche durch den Grad m des Nenners von F(s) bestimmt. Sind mehrfache reelle Pole vorhanden, so ist die Anzahl dieser besonders günstigen s-Werte kleiner als die Anzahl der zu bestimmenden Zähler. Man wird dann noch andere, möglichst einfache s-Werte hinzunehmen müssen.

<u>Beispiel 4.37:</u> Zur Bildfunktion $F(s) = \dfrac{3s^2 - 7s + 6}{(s - 1)^3}$ soll die zugehörige Originalfunktion f(t) bestimmt werden.

Die Bildfunktion hat eine dreifache Polstelle bei s = 1.

Für die Partialbruchzerlegung ergibt sich damit der Ansatz

$$F(s) = \frac{3s^2 - 7s + 6}{(s-1)^3} = \frac{B_3}{(s-1)^3} + \frac{B_2}{(s-1)^2} + \frac{B_1}{(s-1)}$$

Gl. (4.50), die hier besonders einfach anzuwenden ist, da nur ein dreifacher Pol bei s = 1 vorhanden ist, liefert

$$B_3 = \left[3s^2 - 7s + 6 \right]_{s=1} = 2$$

$$B_2 = \left[6s - 7 \right]_{s=1} = -1$$

$$B_1 = 3$$

Mit der Partialbruchzerlegung

$$F(s) = \frac{2}{(s-1)^3} - \frac{1}{(s-1)^2} + \frac{3}{s-1}$$

erhält man die Zeitfunktion

$$f(t) = t^2e^t - te^t + 3e^t = e^t(t^2 - t + 3)$$

<u>Beispiel 4.38:</u> Zur Bildfunktion $F(s) = \dfrac{s^2 - s - 3}{(s+1)(s+2)^2}$ soll die Zeitfunktion f(t) berechnet werden.

Die Bildfunktion hat eine zweifache Polstelle bei s = - 2 und eine einfache Polstelle bei s = - 1. Für die Partialbruchzerlegung ergibt sich damit der Ansatz

$$F(s) = \frac{s^2 - s - 3}{(s+1)(s+2)^2} = \frac{A_1}{s+1} + \frac{B_2}{(s+2)^2} + \frac{B_1}{s+2}$$

Zur Bestimmung der noch unbekannten Zähler können die uns bekannten Formeln verwendet werden. Wir wollen jedoch hier das schon erwähnte Verfahren, das ohne die Verwendung von Formeln auskommt, verwenden und multiplizieren den Ansatz zur Partialbruchzerlegung mit dem Nenner $N(s) = (s+1)(s+2)^2$ und erhalten somit

$$s^2 - s - 3 = A_1(s+2)^2 + B_2(s+1) + B_1(s+1)(s+2)$$

Durch Einsetzen der Polstellen folgt

$s = -1$: $\quad -1 = A_1 \quad \rightarrow \quad A_1 = -1$

$s = -2$: $\quad 3 = -B_2 \quad \rightarrow \quad B_2 = -3$

Dadurch sind zwei der drei unbekannten Zähler einfach berechnet worden. Zur Bestimmung des dritten Zählers kann nun irgendein noch nicht verwendeter s-Wert, z.B. s = 0, eingesetzt werden.

$s = 0$: $\quad -3 = -4 - 3 + 2B_1 \quad \rightarrow \quad B_1 = 2.$

Damit wird

$$F(s) = -\frac{1}{s+1} - \frac{3}{(s+2)^2} + \frac{2}{s+2}$$

und

$$f(t) = -e^{-t} - 3te^{-2t} + 2e^{-2t}$$

c) Bildfunktionen mit einfachen komplexen Polen

Wir wollen uns hier auf einfache komplexe Pole beschränken, weil mehrfache komplexe Pole zu Teilbrüchen führen, deren Transformation in den Zeitbereich mit den Transformationsregeln, Sätzen und Korrespondenzen, die wir bisher kennengelernt haben, nicht möglich ist.
Die Transformation der von mehrfachen komplexen Polen bedingten Teilbrüche in den Zeitbereich ist mit der im Abschn. 4.2 behandelten Residuenmethode oder mit dem Faltungssatz, den wir später besprechen werden, möglich.
Die Koeffizienten der echt gebrochen rationalen Bildfunktion F(s) wurden als reell vorausgesetzt. Komplexe Pole treten daher stets paarweise, als konjugiert komplexe Polstellen auf.

Satz 4.18:

a) Hat die echt gebrochen rationale Bildfunktion F(s) die einfachen komplexen Pole $s_o = a + jb$ und $s_o^* = a - jb$, so gilt die folgende Partialbruchzerlegung

$$F(s) = \frac{C_1 s + C_2}{s^2 - 2as + a^2 + b^2} + P(s) = F_o(s) + P(s),$$

wobei P(s) die Summe der Partialbrüche ist, die durch die restlichen Polstellen bestimmt sind.

b) Ein Paar von einfachen, konjugiert komplexen Polen bei $s_o = a + jb$ und $s_o^* = a - jb$, hat im Zeitbereich den Anteil

$$f_o(t) = e^{at}\left[C_1\cos(bt) + \frac{C_2 + aC_1}{b}\sin(bt)\right] \qquad (4.52)$$

zur Folge.

Beweis:

a) Für die Bildfunktion gilt $F(s) = \dfrac{Z(s)}{(s - s_o)(s - s_o^*)R(s)}$

Da einfache komplexe Pole formal genauso behandelt werden können wie einfache reelle Pole, erhält man die Zerlegung

$$F(s) = \frac{A_1}{s - (a + jb)} + \frac{A_2}{s - (a - jb)} + P(s)$$

Die Berechnung der Zähler A_1 und A_2 kann wie bei einfachen reellen Polen erfolgen. Es zeigt sich dabei, daß A_1 und A_2 konjugiert komplexe Zahlen sind.
Faßt man die beiden Teilbrüche zusammen, um im Bereich der reellen Zahlen zu bleiben, so ergibt sich die Aussage des des zu beweisenden Satzes.

b) Für den durch das Paar konjugiert komplexer Pole bedingten Teilbruch gilt

$$F_o(s) = \frac{C_1 s + C_2}{(s-a)^2 + b^2} = \frac{C_1(s-a)}{(s-a)^2+b^2} + \frac{C_2 + aC_1}{(s-a)^2+b^2}$$

Mit den Korrespondenzen für die Sinus- bzw. Kosinusfunktion und dem Dämpfungssatz folgt die zu beweisende Aussage.

Da die in Anwendungsaufgaben auftretenden komplexen Pole im allgemeinen negative Realteile haben, bedingt ein Paar von einfachen, konjugiert komplexen Polen im Zeitbereich eine gedämpfte Schwingung.

Beispiel 4.39: Zur Bildfunktion $F(s) = \frac{4s^2 + 25s + 45}{(s+1)(s^2+6s+13)}$ soll die zugehörige Zeitfunktion f(t) bestimmt werden.

Die Bildfunktion hat einen einfachen reellen Pol bei $s_1 = -1$ und ein Paar von konjugiert komplexen Polen bei $s_2 = -3 + 2j$ und $s_3 = -3 - 2j$. Die Partialbruchzerlegung hat daher die Form

$$F(s) = \frac{A_1}{s+1} + \frac{C_1 s + C_2}{s^2 + 6s + 13}$$

Multipilziert man den Ansatz zur Partialbruchzerlegung mit dem Nenner $N(s) = (s+1)(s^2+6s+13)$, so folgt

$$4s^2 + 25s + 45 = A_1(s^2+6s+13) + (C_1 s + C_2)(s+1)$$

$$\begin{array}{llll} s = -1: & 24 = 8A_1 & \rightarrow & A_1 = 3 \\ s = 0: & 45 = 39 + C_2 & \rightarrow & C_2 = 6 \\ s = 1: & 74 = 60 + (C_1 + 6).2 & \rightarrow & C_1 = 1 \end{array}$$

Aus der Partialbruchzerlegung der Bildfunktion

$$F(s) = \frac{3}{s + 1} + \frac{s + 6}{s^2 + 6s + 13} =$$

$$= \frac{3}{s + 1} + \frac{s + 3}{(s + 3)^2 + 2^2} + \frac{3}{2} \cdot \frac{2}{(s + 3)^2 + 2^2}$$

folgt die Zeitfunktion

$$f(t) = 3e^{-t} + e^{-3t}\left[\cos(2t) + 1{,}5 \sin(2t)\right]$$

<u>Beispiel 4.40:</u> Man berechne die Originalfunktion f(t) zur Bildfunktion

$$F(s) = \frac{s^2 + 2s + 3}{(s^2 + 2s + 2)(s^2 + 2s + 5)}$$

Die Bildfunktion F(s) besitzt zwei Paare von konjugiert komplexen Polen. Der Ansatz zur Partialbruchzerlegung lautet

$$F(s) = \frac{As + B}{s^2 + 2s + 2} + \frac{Cs + D}{s^2 + 2s + 5}$$

Multiplizieren des Ansatzes zur Partialbruchzerlegung mit $N(s) = (s^2 + 2s + 2)(s^2 + 2s + 5)$ ergibt die Identität

$$s^2 + 2s + 3 = (As + B)(s^2 + 2s + 5) + (Cs + D)(s^2 + 2s + 2)$$

Da reelle Pole, deren Einsetzen jeweils eine Gleichung für nur eine Unbekannte ergibt, hier nicht vorhanden sind, erhält man durch Einsetzen von 4 möglichst einfachen s-Werten ein Gleichungssystem von 4 Gleichungen für die 4 Unbekannten mit den Lösungen A = 0, B = 1/3, C = 0 und D = 2/3.
Eine Möglichkeit, das lineare Gleichungssystem für 4 Unbekannte zu vermeiden, um statt dessen 2 Gleichungssysteme für je 2 Unbekannte zu erhalten, besteht darin, komplexe Pole einzusetzen.
Der quadratische Faktor $(s^2 + 2s + 2)$ des Nenners hat die Lösungen $s_1 = -1 + j$ und $s_2 = -1 - j$. Mit $s = -1 + j$ wird $s^2 + 2s = -2$ und man erhält

$$1 = \left[A(-1 + j) + B \right] \cdot 3$$

bzw.
$$1 = -3A + 3B + 3jA$$

Gleichsetzen der Real- und Imaginärteile der beiden Seiten der Gleichung liefert $A = 0$ und $B = 1/3$.

Mit $s = -1 + 2j$, einer komplexen Nullstelle des zweiten quadratischen Faktors des Nenners, folgt analog

$$-2 = 3C - 3D - 6jC$$

und daraus $C = 0$ und $D = 2/3$.

Für die Bildfunktion gilt daher die Partialbruchzerlegung

$$F(s) = \frac{1}{3} \cdot \frac{1}{(s + 1)^2 + 1} + \frac{1}{3} \cdot \frac{2}{(s + 1)^2 + 2^2}$$

Damit folgt für die Zeitfunktion

$$f(t) = \frac{1}{3} e^{-t} \left[\sin(t) + \sin(2t) \right]$$

Übungsaufgaben zum Abschnitt 4.3.6 (Lösungen im Anhang)

Beispiel 4.41: Man bestimme die Originalfunktionen f(t) zu den folgenden Bildfunktionen

a) $F(s) = \frac{s + 4}{s^2 + 5s + 6}$ b) $F(s) = \frac{1}{(s - 2)(s + 2)(s + 3)}$

c) $F(s) = \frac{s^3}{(s + 3)^4}$ d) $F(s) = \frac{10s^3 + 20s^2 + s + 5}{(s + 1)^2(s^2 + s - 2)}$

e) $F(s) = \frac{1}{s^2(s + 1)^2}$ f) $F(s) = \frac{10}{(s + 1)^2(s^2 + 8s + 17)}$

g) $F(s) = \frac{s + 5}{(s + 1)(s^2 + 1)}$ h) $F(s) = \frac{7s^2 - s + 12}{s^3 + s^2 + 3s + 3}$

4.3.7 Pol- Nullstellenplan einer echt gebrochen rationalen Bildfunktion

Sind s_{Ni} die Nullstellen und s_{Pi} die Polstellen einer echt gebrochen rationalen Bildfunktion

$$F(s) = \frac{\sum_{i=1}^{n} a_i s^i}{\sum_{i=1}^{m} b_i s^i} = k \frac{(s - s_{N1})(s - s_{N2}) \ \ldots \ (s - s_{Nn})}{(s - s_{P1})(s - s_{P2}) \ \ldots \ (s - s_{Pm})}$$

mit reellen Koeffizienten, so sind durch die Lage der Null- und Polstellen sowohl die Bildfunktion F(s), als auch die Originalfunktion f(t) bis auf einen konstanten Faktor k bestimmt.

Man erhält nun einen Überblick über das Zeitverhalten der Originalfunktion f(t), wenn man die Nullstellen (o) und die Polstellen (*) der Bildfunktion F(s) in die komplexe s-Ebene einträgt. Daß aus der Lage der Polstellen Aussagen über das Verhalten der Zeitfunktion f(t) gemacht werden kann, ist für die Anwendungen der Laplace-Transformation überaus wichtig. Da die Koeffizienten a_i und b_i als reell vorausgestzt wurden, sind die Null- und Polstellen entweder reell oder paarweise konjugiert komplex. Es gilt daher der folgende Satz:

<u>Satz 4.19:</u>

Der Pol- Nullstellenplan einer echt gebrochen rationalen Bildfunktion mit reellen Koeffizienten ist symmetrisch zur reellen Achse.

Da durch die Pole die Partialbrüche bestimmt werden, läßt insbesondere die Lage der Pole einfache Schlüße auf die Art der Originalfunktion f(t) zu.

1. Einer einfachen Polstelle $s = -\delta$ auf der negativen reellen Achse entspricht in der Partialbruchzerlegung ein Term $A/(s + \delta)$ und im Zeitbereich ein Anteil

$$f(t) = Ae^{-\delta t},$$

der umso schneller abklingt, je weiter links die Polstelle liegt (Bild 4.24 a). Ist $s = -\delta$ eine k-fache Polstelle, so entspricht ihr im Zeitbereich ein Anteil

$$f(t) = e^{-\delta t} \sum_{n=1}^{k} \frac{B_n\, t^{\,n-1}}{(n-1)!}$$

(Bild 4.24 d).

2. Einem Paar von konjugiert komplexen Polen mit negativem Realteil entspricht im Bildbereich ein Teilbruch

$$\frac{C_1 s + C_2}{(s+\delta)^2 + \omega_o^2}$$

und im Zeitbereich eine gedämpfte Schwingung

$$f(t) = Ae^{-\delta t}\sin(\omega_o t + \varphi)$$

(Bild 4.24 f).

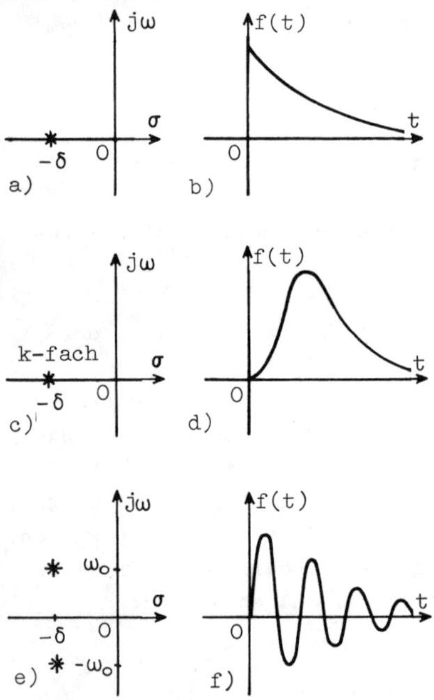

Bild 4.24 Pol-Nullstellenpläne und zugehörige Zeitfunktionen $f_o(t)$

3. Liegen die Polstellen in der rechten Halbebene, so entsprechen diesen im Zeitbereich ansteigende Anteile, wie etwa in Bild 4.25 b und 4.25 c

$$f(t) = Ae^{\delta_1 t} \quad \text{oder}$$

$$f(t) = Ae^{\delta_2 t}\sin(\omega_o t + \varphi)$$

4. Einer im Ursprung liegenden einfachen Polstelle (Bild 4.25 d) entspricht im Bildbereich der Teilbruch A/s und im Zeitbereich die Konstante

$$f(t) = A\,\varepsilon(t)$$

5. Ein Paar von Polstellen auf der imaginären Achse nach Bild 4.25 f bedingt den Teilbruch

$$\frac{C_1 s + C_2}{s^2 + \omega_o^2}$$

d.h. im Zeitbereich eine stationäre harmonische Schwingung

$$f(t) = A\sin(\omega_o t + \varphi).$$

(Bild 4.25 g)

6. Liegen im Sonderfall auf der imaginären Achse unendlich viele Polstellen in gleichen Abständen ω_o (Bild 4.25 h), so ist die

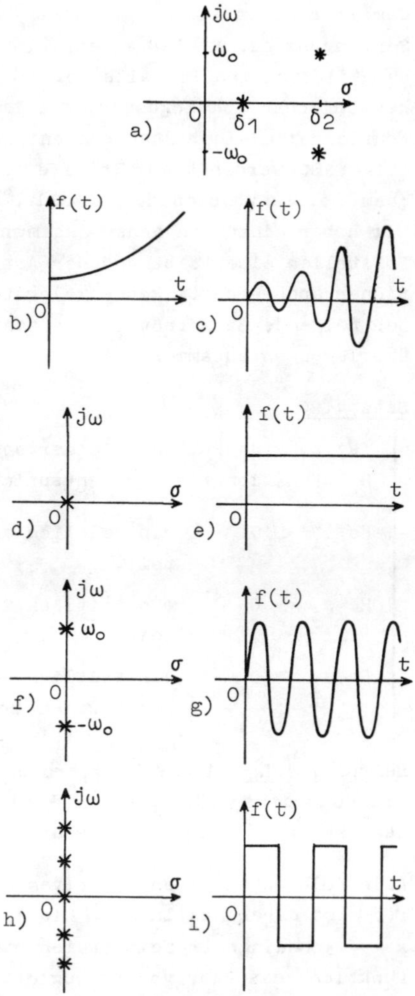

Bild 4.25 Pol-Nullstellenpläne und Zeitfunktionen

zugehörige Bildfunktion F(s) keine rationale Funktion. Da jedem Polstellenpaar $s = \pm jk\omega_o$ eine stationäre harmonische Schwingung der Kreisfrequenz $k\omega_o$ entspricht, gehört zu dieser Bildfunktion im Zeitbereich eine unendliche Summe von harmonischen Schwingungen, die im Falle der Konvergenz, als Fourierreihe einer stationären periodischen Zeitfunktion aufgefaßt werden kann. In Bild 4.25 i ist eine dieser möglichen Zeitfunktionen dargestellt.
Wir haben einen einfachen Zusammnhang zwischen der Lage der Polstellen einerseits und der Art der zugehörigen Zeitfunktionen andererseits kennengelernt.
Der folgende Satz faßt vereinfacht die Ergebnisse unserer Überlegungen zusammen.

Satz 4.20:

Ist s_1 eine Polstelle einer echt gebrochen rationalen Bildfunktion F(s), so entspricht

$Re\ s_1 < 0$	ein zeitlich abklingender (flüchtiger) Anteil,
$Re\ s_1 = 0$	ein zeitlich konstanter (stationärer) Anteil,
$Re\ s_1 > 0$	ein zeitlich ansteigender Anteil in der zugehörigen Zeitfunktion f(t).

Beispiel 4.42: Eine echt gebrochen rationale Bildfunktion hat die Pole $s_1 = -3$, $s_2 = -2 + 3j$ und $s_3 = -2 - 3j$.
Was läßt sich über die zugehörige Zeitfunktion f(t) aussagen?

Alle Pole haben einen negativen Realteil. Die Zeitfunktion f(t) ist daher abklingend. Die einfache reelle Polestelle bei $s = -3$ bedingt im Zeitbereich eine abklingende Exponentialfunktion, das Paar von konjugiert komplexen Polen eine gedämpfte Schwingung.
Die Zeitfunktion hat daher die Form

$$f(t) = Ae^{-3t} + e^{-2t}\left[B.\sin(3t) + C.\cos(3t)\right]$$

4.3.8 Faltungssatz

Der Faltungssatz erschließt einen Weg, die inverse Laplace-Transformation durchzuführen, wenn die Bildfunktion F(s) in Faktoren zerlegt werden kann, deren Originalfunktionen bekannt sind.

Satz 4.21: Faltungssatz

Dem Produkt $F_1(s).F_2(s)$ zweier Bildfunktionen entspricht im Zeitbereich die Faltung $f_1(t) * f_2(t)$ der zugehörigen Originalfunktionen

$$\left.\begin{matrix} F_1(s) \bullet\!\!-\!\!\circ f_1(t) \\ F_2(s) \bullet\!\!-\!\!\circ f_2(t) \end{matrix}\right\} \rightarrow F_1(s).F_2(s) \bullet\!\!-\!\!\circ f_1(t) * f_2(t),$$

wobei die Faltung zweier kausaler Zeitfunktionen durch das Integral

$$f_1(t) * f_2(t) = \int_0^t f_1(\tau)\, f_2(t-\tau)\, d\tau$$

definiert ist.

Beweis: Wir gehen von der Integraldefinition der Laplace-Transformation aus und erhalten unter der Voraussetzung, daß die auftretenden Integrale konvergieren

$$f_1(t) * f_2(t) \circ\!\!-\!\!\bullet \int_0^\infty \int_0^t f_1(\tau) f_2(t-\tau) d\tau \cdot e^{-st} dt =$$

$$\int_0^\infty \int_0^\infty f_1(\tau) f_2(t-\tau)\, \varepsilon(t-\tau) e^{-st} d\tau dt$$

Durch die Multiplikation mit dem Faktor

$$\varepsilon(t-\tau) = \begin{cases} 1 & \text{für } \tau < t \\ 0 & \text{für } \tau > t \end{cases}$$

ist erreicht worden, daß auch für die Variable τ des inneren Integrals die Integrationsgrenzen 0 und ∞ gesetzt werden können, da für Zeitpunkte $\tau > t$ der Ausdruck

$$f_1(\tau) . f_2(t - \tau) \varepsilon(t - \tau) = 0$$

ist. Vertauscht man die Reihenfolge der Integrationen, was erlaubt ist, da wir die absolute Konvergenz der Integrale vorausgesetzt haben, so ergibt sich

$$f_1(t) * f_2(t) \circ\!\!-\!\!\bullet \int_0^\infty f_1(\tau) \left[\int_0^\infty f_2(t - \tau) \varepsilon(t - \tau) e^{-st} \, dt \right] d\tau$$

Durch Anwenden des Verschiebungssatzes und der Definition der Laplace-Transformation erkennt man

$$\int_0^\infty f_2(t - \tau) \varepsilon(t - \tau) e^{-st} \, dt = F_2(s) e^{-s\tau} ,$$

da die Funktion $f_2(t - \tau) \varepsilon(t - \tau)$ gegenüber $f_2(t)$ um τ verschoben ist. Hiermit folgt weiter

$$f_1(t) * f_2(t) \circ\!\!-\!\!\bullet \int_0^\infty f_1(\tau) \, F_2(s) \, e^{-s\tau} \, d\tau =$$

$$= F_2(s) \int_0^\infty f_1(\tau) \, e^{-s\tau} \, d\tau$$

Da das letzte Integral nach der Definitionsgleichung der Laplace-Transformation $F_1(s)$, die Bildfunktion von $f_1(t)$ ist, folgt hieraus schließlich der Faltungssatz.
Daß die Integrationsvariale τ, statt t heißt, ist für das bestimmte Integral ohne Bedeutung.

Satz 4.22:

Die Faltung ist kommutativ und assoziativ, d.h. es gilt

$$f_1(t) * f_2(t) = f_2(t) * f_1(t)$$

und

$$f_1(t) * \left(f_2(t) * f_3(t)\right) = \left(f_1(t) * f_2(t)\right) * f_3(t)$$

Auf den relativ einfachen Beweis von Satz 4.22 sei hier verzichtet.
Für Anwendungen des Faltungssatzes ist es von Bedeutung, daß die Reihenfolge der Faltungen verändert werden kann.
Der Faltungssatz liefert auch in Fällen, in denen das Faltungsintegral nicht in analytischer Form gelöst werden kann, eine Aussage über die Zeitfunktion f(t), wenn für eine Folge von Zeitpunkten t_i das Faltungsintegral mit numerischen Näherungsverfahren bestimmt wird.

Beispiel 4.43: Zur Bildfunktion $F(s) = \dfrac{as}{(s^2 + a^2)^2}$ soll mit dem Faltungssatz die Originalfunktion f(t) berechnet werden.

Die Bildfunktion F(s) hat an den Stellen $s = \pm j.a$ zweifache komplexe Pole. Wir können daher durch Partialbruchzerlegung und den bisher bekannten Korrespondenzen die Zeitfunktion f(t) nicht berechnen.
Wir zerlegen die gegebene Bildfunktion

$$F(s) = \frac{s}{s^2 + a^2} \cdot \frac{a}{s^2 + a^2} = F_1(s).F_2(s)$$

in in Produkt von zwei Bildfunktionen. Mit den Korrespondenzen

$$F_1(s) \bullet\!\!-\!\!\circ\; f_1(t) = \cos(at)$$

und

$$F_2(s) \bullet\!\!-\!\!\circ\; f_2(t) = \sin(at)$$

liefert der Faltungssatz die Zeitfunktion

$$f(t) = f_1(t) * f_2(t) = \int_0^t \cos(a\tau).\sin(at - a\tau)\,d\tau$$

Zur Berechnung des Faltungsintegrals verwandeln wir das Produkt der beiden trigonometrischen Funktionen mit

$$\sin\alpha\,\cos\beta = \frac{1}{2}\left\{\sin(\alpha+\beta) + \sin(\alpha-\beta)\right\}$$

in eine Summe von Sinusfunktionen und finden so

$$f(t) = f_1(t)*f_2(t) = \frac{1}{2}\int_0^t \left\{\sin(at) + \sin(at - 2a\tau)\right\} d\tau$$

$$= \frac{1}{2}\sin(at)\int_0^t d\tau + \frac{1}{2}\int_0^t \sin(at-2a\tau)\,d\tau$$

$$= \frac{1}{2}t\sin(at) + \frac{1}{4a}\Big[\cos(at - 2a\tau)\Big]_0^t$$

$$= \frac{1}{2}t\sin(at)$$

Wir haben damit die Korrespondenz

$$\frac{as}{(s^2 + a^2)^2} \quad \bullet\!\!-\!\!\circ \quad \frac{1}{2}t\sin(at) \qquad (4.53)$$

gewonnen.

Übungsaufgaben zum Abschnitt 4.3.8 (Lösungen im Anhang)

Beispiel 4.44: Man berechne mit dem Faltungssatz die Originalfunktion f(t) zu

$$F(s) = \frac{s^2}{(s^2+1)^2}$$

Beispiel 4.45: Zur Bildfunktion $F(s) = \frac{1}{(s - s_1)(s - s_2)}$ soll die Originalfunktion f(t)
a) durch Partialbruchzerlegung, b) mit dem Faltungssatz und
c) mit der Residuenmethode bestimmt werden.

Beispiel 4.46: Man berechne zu $F(s) = \frac{s}{(s^2 + 1)^3}$ die zugehörige Originalfunktion f(t).

Hinweis: Man verwende die als Ergebnis von Beispiel 4.43 bekannte Korrespondenz (4.53) für a = 1.

4.3.9 Inverse Laplace-Transformation durch Reihenentwicklung der Bildfunktion

Im Abschn. 4.3.6 haben wir echt gebrochen rationale Bildfunktionen in Partialbrüche zerlegt, d.h. die Bildfunktion als eine endliche Summe von Teilfunktionen

$$F(s) = \sum_{i=1}^{m} F_i(s)$$

dargestellt und gliedweise in den Zeitbereich transformiert. Man erhält so die Zeitfunktion

$$f(t) = \sum_{i=1}^{m} f_i(t),$$

wobei die Zeitfunktionen $f_i(t)$ die Originalfunktionen zu den Bildfunktionen $F_i(s)$ sind, d.h. es gelten die Korrespondenzen

$$F_i(s) \bullet\!\!-\!\!\circ f_i(t).$$

Es liegt nun nahe, dieses Verfahren auch auf Fälle zu übertragen, in denen eine inverse Laplace-Transformation durch bekannte Korrespondenzen oder durch Partialbruchentwicklungen nicht möglich sind, indem man die Bildfunktion F(s) in eine unendliche Reihe

$$F(s) = \sum_{i=1}^{\infty} F_i(s)$$

von Teilfunktionen $F_i(s)$ zerlegt und die Originalfunktion als unendliche Summe der Originalfunktionen $f_i(t)$ betrachtet. Das gliedweise Übersetzen einer unendlichen Summe von Bildfunktionen $F_i(s)$ in den Zeitbereich ist aber nur unter gewissen Voraussetzungen möglich.

Ohne Beweis sei der folgende Satz angegeben.

<u>Satz 4.23:</u>

a) Ist die Bildfunktion $F(s) = \sum_{i=1}^{\infty} F_i(s) \;\bullet\!\!-\!\!\circ\; \sum_{i=1}^{\infty} f_i(t)$

als unendliche Summe von Laplace-Transformierten $F_i(s)$ der Zeitfunktionen $f_i(t)$ darstellbar, so konvergiert die Summe der Zeitfunktionen $f_i(t)$ gegen eine Funktion

$$f(t) = \sum_{i=1}^{\infty} f_i(t),$$

die Originalfunktion von F(s) ist, wenn

1. die Laplace-Integrale der Funktionen $f_i(t)$ absolut konvergieren, wenn also für alle i

$$\int_0^{\infty} |f_i(t)e^{-st}|\,dt \quad < \quad M$$

gilt und

2. auch die Summe dieser Integrale konvergiert.

b) Ist im Sonderfall die Bildfunktion als eine Reihe der Form

$$F(s) = \sum_{n=1}^{\infty} a_n s^{-n}$$

darstellbar, so gilt für die zugehörige Zeitfunktion

$$f(t) = \sum_{n=1}^{\infty} a_n \frac{t^{n-1}}{(n-1)!}$$

<u>Beispiel 4.47</u> Zur Bildfunktion $F(s) = 1/(s^2 + 1)^2$ soll eine Reihendarstellung der zugehörigen Originalfunktion f(t) bestimmt werden.

Durch Dividieren erhält man

$$\frac{1}{s^4 + 2s^2 + 1} = \frac{1}{s^4} - \frac{2}{s^6} + \frac{3}{s^8} - \frac{4}{s^{10}} + \frac{5}{s^{12}} - + \dots$$

Überträgt man diese Reihe Glied für Glied in den Zeitbereich, so ist mit

$$f(t) = \frac{t^3}{3!} - \frac{2t^5}{5!} + \frac{3t^7}{7!} - \frac{4t^9}{9!} + \frac{5t^{11}}{11!} - + \dots$$

eine Reihenenwicklung für die gesuchte Originalfunktion gefunden.

In diesem Fall läßt sich die Originalfunktion auch in einer analytischen Form angeben. Mit dem Faltungssatz erhält man

$$f(t) = \frac{1}{2}(\sin t - t\cos t).$$

<u>Beispiel 4.48:</u> Gegeben ist die Zeitfunktion f(t) = (sin t)/t. Es soll ihre Laplace-Transformierte F(s) bestimmt werden.

Ausgehend von der Reihenentwicklung für die Sinusfunktion

$$\sin t = t - \frac{t^3}{3!} + \frac{t^5}{5!} - + \ldots = \sum_{k=0}^{\infty} (-1)^k \frac{t^{2k+1}}{(2k+1)!}$$

erhält man für $f(t) = (\sin t)/t$ die Reihendarstellung

$$f(t) = 1 - \frac{t^2}{3!} + \frac{t^4}{5!} - + \ldots = \sum_{k=0}^{\infty} (-1)^k \frac{t^{2k}}{(2k+1)!}$$

Gliedweises Transformieren in den Bildbereich liefert eine Reihendarstellung für die gesuchte Laplace-Transformierte

$$F(s) = \frac{1}{s} - \frac{2!}{3!s^3} + \frac{4!}{5!s^5} - + \ldots = \sum_{k=0}^{\infty} \frac{(-1)^k}{2k+1} \left[\frac{1}{s}\right]^{2k+1}$$

Vergleicht man die Reihe der Bildfunktion F(s) mit der Reihenentwicklung der Funktion

$$\arctan z = z - \frac{z^3}{3} + \frac{z^5}{5} - + \ldots = \sum_{k=0}^{\infty} \frac{(-1)^k}{2k+1} z^{2k+1},$$

so erkennt man die Korrespondenz

$$\frac{\sin t}{t} \quad ○\!\!-\!\!● \quad \arctan\left(\frac{1}{s}\right) \qquad (4.54)$$

Mit Hilfe der Definition der Laplace-Transformation erhält man aus dieser Korrespondenz die Gleichung

$$\int_0^{\infty} \frac{\sin t}{t} e^{-st} dt = \arctan\left(\frac{1}{s}\right) \qquad (4.55)$$

Eine bei vielen Problemen der Nachrichtentechnik auftretende Funktion ist der durch

$$\mathrm{Si}(t) = \int_0^t \frac{\sin z}{z}\,dz$$

definierte <u>Integralsinus</u>.
Im Grenzfall $s \to 0$ liefert Gl.(4.55)

$$\int_0^\infty \frac{\sin t}{t}dt = \mathrm{Si}(\infty) = \frac{\pi}{2}$$

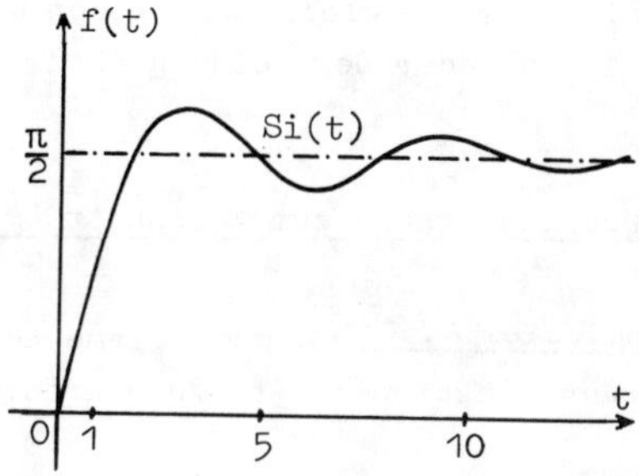

Bild 4.26 Integralsinus

Damit ist der Grenzwert $\lim\limits_{t \to \infty} \mathrm{Si}(t) = \frac{\pi}{2}$ gefunden worden.

Der Verlauf der Zeitfunktion $f(t) = \mathrm{Si}(t)$ ist in Bild 4.26 dargestellt.

<u>Beispiel 4.49:</u> Zur Bildfunktion

$$F(s) = \frac{s^2 + s}{s^3 + 2s^2 + 3s + 4}$$

soll eine Reihenentwicklung der Originalfunktion $f(t)$ bestimmt werden.

Durch Polynomdivision erhält man

$$F(s) = \frac{1}{s} - \frac{1}{s^2} - \frac{1}{s^3} + \frac{1}{s^4} + \frac{5}{s^5} + \dots$$

und damit die Zeitfunktion

$$f(t) = 1 - t - \frac{t^2}{2!} + \frac{t^3}{3!} + \frac{5\,t^4}{4!} + \dots$$

Eine derartige Reihenentwicklung einer echt gebrochen rationalen Bildfunktion ist dann angebracht, wenn eine Partialbruchentwicklung, etwa wegen der Berechnung der Polstellen zu kompliziert erscheint, oder wenn das Verhalten der Zeitfunktion nur für kleine Werte von t interessiert, sodaß nur wenige Glieder der Reihe benötigt werden.

Übungsaufgaben zum Abschnitt 4.3.9 (Lösungen im Anhang)

Beispiel 4.50: Man bestimme Reihenentwicklungen für die Originalfunktionen f(t) zu den folgenden Bildfunktionen

a) $F(s) = \dfrac{s^2}{s^4 + 1}$ b) $F(s) = \dfrac{1}{s^3 + 1}$

c) $F(s) = \dfrac{e^{-1/s}}{s}$ d) $F(s) = \dfrac{1}{s}\cos(\frac{1}{s})$

4.3.10 Integrationssatz für die Originalfunktion

Der Integrationssatz für die Originalfunktion beschreibt den Zusammenhang zwischen der Laplace-Transformierten einer Zeitfunktion f(t) und der Laplace-Transformierten des Integrals über diese Zeitfunktion. Zusammen mit dem im nächsten Abschnitt behandelten Differentiationsssatz für die Originalfunktion spielt er eine wesentliche Rolle bei den Anwendungen der Laplace-Transformation.

Satz 4.24:

Ist F(s) die Laplace-Transformierte der Zeitfunktion f(t), so ist die Laplace-Transformierte des Integrals über die Zeitfunktion vom Zeitpunkt 0 bis zum Zeitpunkt t gegeben durch $\frac{1}{s}\,F(s)$.

$$f(t) \circ\!\!-\!\!\bullet F(s) \quad \rightarrow \quad \int_0^t f(\tau)d\tau \circ\!\!-\!\!\bullet \frac{1}{s} F(s) \qquad (4.56)$$

Beweis: Zum Beweis des Integrationssatzes für die Originalfunktion verwenden wir den Faltungssatz (Abschn. 4.3.8).

Wählen wir $\qquad F_1(s) = F(s) \bullet\!\!-\!\!\circ f(t)$

und $\qquad F_2(s) = \frac{1}{s} \bullet\!\!-\!\!\circ 1,$

so folgt mit dem Faltungssatz

$$F(s) \cdot \frac{1}{s} \bullet\!\!-\!\!\circ f(t)*1 = \int_0^t f(\tau)d\tau$$

Der Integrationssatz macht die wichtige Aussage, daß dem Integral über die Zeitfunktion im Bildbereich die Multiplikation der Bildfunktion mit dem Faktor 1/s entspricht.
Eine Integration im Zeitbereich bedingt im Bildbereich eine einfache Multiplikation mit dem Faktor 1/s. Dadurch ergeben sich für die Lösung von Problemen im Bildbereich wesentliche Vereinfachungen gegenüber der Lösung des gleichen Problems im Zeitbereich.

Beispiel 4.51: Man bestimme die Laplace-Transformierte der Zeitfunktion

$$f(t) = \int_0^t \tau^5 e^{-5\tau} d\tau = \int_0^t f_1(\tau)d\tau$$

Für die Zeitfunktion $f_1(t) = t^5 e^{-5t}$ erhalten wir mit dem Dämpfungssatz die Bildfunktion $F_1(s) = \frac{5!}{(s+5)^6}$.

Mit dem Integrationssatz folgt

$$f(t) \circ\!\!-\!\!\bullet\; F(s) = \frac{120}{s(s+5)^6}$$

Beispiel 4.52: An ein RC-Glied wird zur Zeit t = 0 die Spannung $u(t) = U_o\,\varepsilon(t)$ angelegt.
Man berechne den Strom i(t), wenn die Kondensatorspannung für t = 0 Null ist.

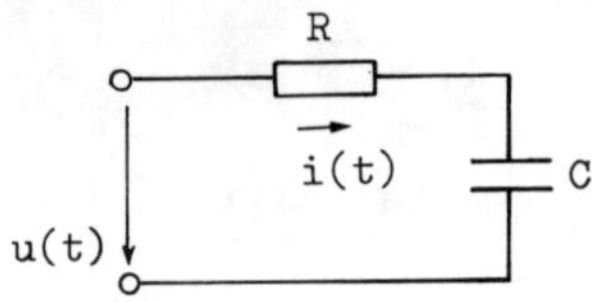

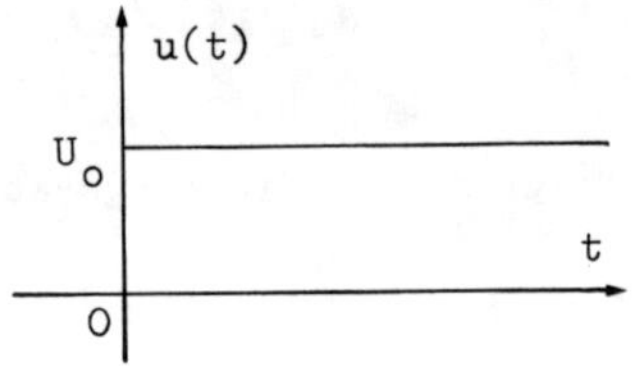

Bild 4.27 RC-Glied und angelegte Spannung u(t)

Transformiert man die "Spannungsgleichung"

$$u_R(t) + u_C(t) = R.i(t) + \frac{1}{C}\int_0^t i(\tau)d\tau = u_e(t) = U_o\varepsilon(t)$$

unter Verwendung des Integrationssatzes in den Bildbereich, so erhält man mit I(s), der Laplace-Transformierten des gesuchten Stromes i(t)

$$R.I(s) + \frac{1}{C}\cdot\frac{1}{s}\,I(s) = U_o\,\frac{1}{s}$$

und daraus den Bildstrom

$$I(s) = \frac{U_o}{s}\cdot\frac{1}{R + 1/(Cs)} = \frac{U_o}{s}\cdot\frac{Cs}{RCs + 1} = \frac{U_o}{R}\cdot\frac{1}{s + 1/(RC)}$$

Inverse Laplace-Tramsformation ergibt den gesuchten Strom

$$i(t) = \frac{U_o}{R}\; e^{-\frac{t}{RC}}$$

Beispiel 4.53: Es soll die Laplace-Transformierte der Zeitfunktion

$$f(t) = \begin{cases} \frac{2U}{\tau}\, t & \text{für } 0 < t < \tau/2 \\ 2U - \frac{2U}{\tau}\, t & \text{für } \tau/2 < t < \tau \\ 0 & \text{für alle übrigen Zeitpunkte} \end{cases}$$

bestimmt werden.

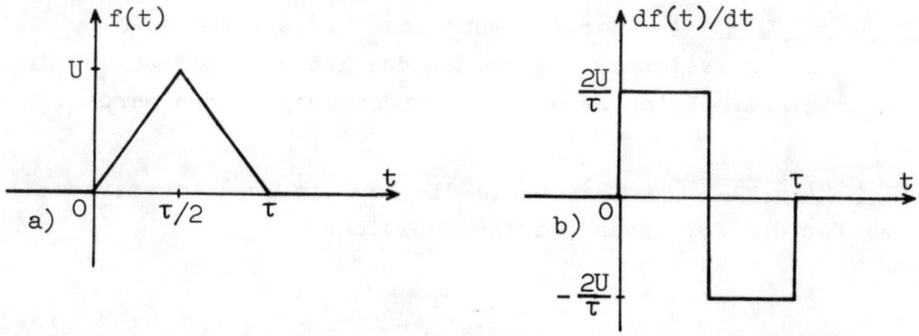

Bild 4.28 Zeitfunktion f(t) und ihre Ableitung f'(t)

Wir betrachten die Ableitung der gegebenen Zeitfunktion

$$f'(t) = \begin{cases} 2U/\tau & \text{für } 0 < t < \tau/2 \\ -\,2U/\tau & \text{für } \tau/2 < t < \tau \\ 0 & \text{für alle übrigen Zeitpunkte} \end{cases}$$

Die Ableitung der gegebenen Zeitfunktion läßt sich einfach aus Sprungfunktionen zusammensetzen (Bild 4.28). Man erhält

$$f'(t) = \frac{2U}{\tau}\Big(\varepsilon(t) - 2\,\varepsilon(t - \tau/2) + \varepsilon(t - \tau)\Big)$$

und unter Beachtung des Verschiebungssatzes die Laplace-Transformierte

$$L\left\{ f'(t) \right\} = \frac{2U}{\tau}\cdot\frac{1}{s}\left[1 - 2e^{-s\tau/2} + e^{-s\tau}\right] = \frac{2U}{s\tau}\left[1 - e^{-s\tau/2}\right]^2$$

Mit dem Integrationssatz für die Originalfunktion folgt

$$F(s) = L\left\{f(t)\right\} = L\left\{\int_0^t f'(z)dz\right\} = \frac{2U}{s^2\tau}\left[1 - e^{-s\tau/2}\right]^2$$

<u>Übungsaufgaben zum Abschnitt 4.3.10</u> (Lösungen im Anhang)

<u>Beispiel 4.54:</u> Aus der Korrespondenz $1/(s + a)$ ●—○ e^{-at} sollen durch zweimaliges Anwenden des Integrationssatzes für die Originalfunktion neue Korrespondenzen gewonnen werden.

<u>Beispiel 4.55:</u> Bestimmen Sie die Laplace-Transformierten F(s) für die folgenden Originalfunktionen

a) $f(t) = Si(t) = \int_0^t \frac{\sin(\tau)}{\tau} d\tau$ (s. Beispiel 4.48)

b) $f(t) = \int_0^t (\tau^2 + 2\tau)e^{-3\tau} d\tau$

<u>Beispiel 4.56:</u> Für die Zeitfunktion nach Bild 4.29

$$f(t) = \begin{cases} \frac{U_o}{\tau} t & \text{für } 0 < t < \tau \\ U_o & \text{für } t > \tau \end{cases}$$

berechne man unter Verwendung des Integrationssatzes für die Originalfunktion die Laplace-Transformierte F(s).

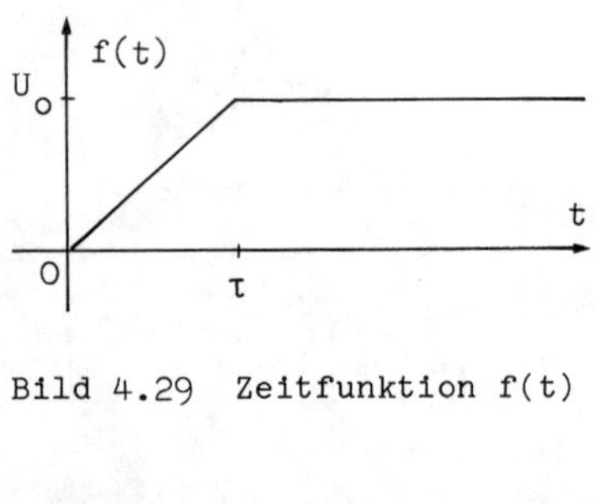

Bild 4.29 Zeitfunktion f(t)

4.3.11 Differentiationssatz für die Originalfunktion

Der Differentiationssatz für die Originalfunktion beschreibt den Zusammenhang zwischen der Laplace - Transformierten F(s) einer Zeitfunktion f(t) und der Laplace-Transformierten ihrer Ableitung $f'(t) = df(t)/dt$.

Satz 4.25:

Es sei f(t) eine kausale Zeitfunktion mit dem rechtsseitigen Grenzwert $\lim_{t \to +0} f(t) = f(+0)$, deren Ableitung f'(t) für alle Zeitpunkte $t > 0$ existiert und für die das Laplace-Integral

$$\int_0^\infty f'(t)\, e^{-st} dt \qquad \text{konvergiert.}$$

Dann gilt

$$f(t) \circ\!\!-\!\!\bullet F(s) \quad \rightarrow \quad f'(t) \circ\!\!-\!\!\bullet s\,F(s) - f(+0) \qquad (4.57)$$

Beweis: Mit der Definition der Laplace-Transformation erhält man

$$L\left\{f'(t)\right\} = \int_0^\infty f'(t) e^{-st} dt = \lim_{t_o \to +0} \int_{t_o}^\infty f'(t) e^{-st} dt$$

Eine partielle Integration mit

$$u = e^{-st} \rightarrow u' = -\,s e^{-st} \quad \text{und} \quad v' = f'(t) \rightarrow v = f(t)$$

ergibt

$$L\left\{f'(t)\right\} = \lim_{t_o \to +0} \left\{ \Big[e^{-st} f(t) \Big]_{t_o}^{\infty} + s \int_{t_o}^\infty f(t) e^{-st} dt \right\}$$

$$= -\lim_{t_o \to +0} f(t_o) + sF(s)$$

Wir finden daher für die Laplace-Transformierte der Ableitung

$$L\left\{f'(t)\right\} = sF(s) - f(+0)$$

Dem Differenzieren der Zeitfunktion f(t) entspricht im Bildbereich, abgesehen von der Subtraktion der Konstanten f(+0), im wesentlichen eine Multiplikation der Bildfunktion F(s) mit der Bildvariablen s.

Zum Beweis des Differentiationssatzes wurde die Existenz der Ableitung für den Zeitpunkt t = 0 nicht vorausgesetzt, da insbesondere bei den Anwendungen der Laplace-Transformation häufig Zeitfunktionen auftreten, deren Ableitungen für t = 0 nicht definiert sind. Die Ableitung f'(t) existiert in manchen Fällen schon deswegen nicht, da die Zeitfunktion f(t) für t = 0 keinen definierten Funktionswert f(0) besitzt. Es wird daher nur angenommen, daß der rechtsseitige Grenzwert f(+0) vorhanden ist.

Wenden wir Gl.(4.57) auf die Zeitfunktion f'(t) an, so folgt für die Laplace-Transformierte der 2. Ableitung

$$\begin{aligned} L\left\{f''(t)\right\} &= s\,L\left\{f'(t)\right\} - f'(+0) \\ &= s^2F(s) - sf(+0) - f'(+0) \end{aligned} \qquad (4.58)$$

Durch Fortsetzen dieses Verfahrens erhält man die <u>allgemeine Form des Differentiationssatzes für die Originalfunktion</u>

<u>Satz 4.26:</u>

Es sei f(t) eine kausale Zeitfunktion, deren Ableitungen $f^{(k)}(t)$ (k = 1,2, ... ,n) für alle Zeitpunkte t > 0 existieren und deren Laplace-Integrale

$$\int_0^\infty f^{(k)}(t)e^{-st}\,dt \qquad \text{konvergieren.}$$

Aus $f(t) \circ\!\!-\!\!\bullet F(s)$ folgt dann

$$f^{(n)}(t) \circ\!\!-\!\!\bullet s^n F(s) - s^{n-1} f(+0) - s^{n-2} f'(+0) - \dots - s f^{(n-2)}(+0) - f^{(n-1)}(+0) \qquad (4.59)$$

<u>Beispiel 4.57:</u> Aus der Korrespondenz $\frac{1}{(s+a)^3} \bullet\!\!-\!\!\circ \frac{t^2 e^{-at}}{2}$ sollen durch Anwenden des Differentiationssatzes neue Korrespondenzen hergeleitet werden.

Mit

$$f(t) = \frac{t^2 e^{-at}}{2} \quad \text{und} \quad F(s) = \frac{1}{(s+a)^3}$$

erhält man wegen $f(+0) = 0$ mit dem Differentiationssatz die Korrespondenz

$$sF(s) = \frac{s}{(s+a)^3} \bullet\!\!-\!\!\circ f'(t) = \frac{-at^2 + 2t}{2} e^{-at}$$

Da auch $f'(+0) = 0$ ist, ergibt eine weitere Anwendung des Differentiationssatzes die Korrespondenz

$$s^2 F(s) = \frac{s^2}{(s+a)^3} \bullet\!\!-\!\!\circ f''(t) = \frac{a^2t^2 - 4at + 2}{2} e^{-at}$$

Nun ist $f''(+0) = 1$ und man erhält analog

$$\frac{s^3}{(s+a)^3} - 1 \bullet\!\!-\!\!\circ f^{(3)}(t) = \frac{-a^3t^2 + 6a^2t - 6a}{2} e^{-at}$$

oder $s^3/(s+a)^3 \bullet\!\!-\!\!\circ 0{,}5(-a^3t^2 + 6a^2t - 6a)e^{-at} + \delta(t)$

Da die Bildfunktion der letzten Korrespondenz keine echt gebrochen rationale Funktion ist, der Grad des Zählers stimmt mit dem Grad des Nenners überein, tritt im Zeitbereich die Deltafunktion auf.

Beispiel 4.58: An den im Bild 4.30 dargestellten Stromkreis wird zur Zeit t = 0 die Spannung $u(t) = U_o\,\varepsilon(t)$ angelegt. Es soll der Strom i(t) berechnet werden, wenn für den Strom die Anfangsbedingung $i(+0) = 0$ gilt.

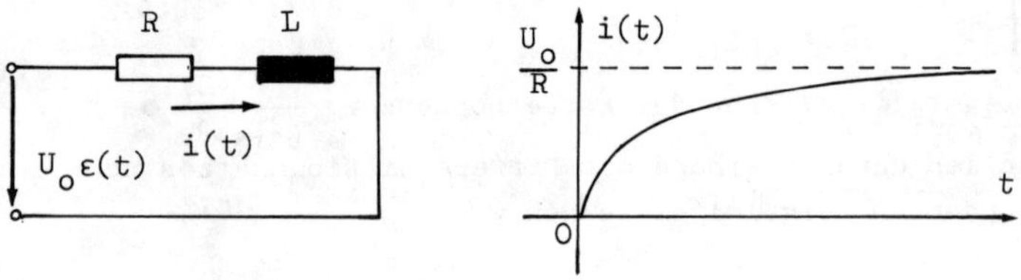

Bild 4.30 Stromkreis und Strom i(t)

Transformiert man die Spannungsgleichung

$$Ri(t) + L\frac{di(t)}{dt} = U_o\,\varepsilon(t)$$

in den Bildbereich, so erhält man mit $i(t) \circ\!\!-\!\!\bullet\; I(s)$ und $i(+0) = 0$ die Gleichung

$$RI(s) + LsI(s) = U_o/s$$

bzw.

$$I(s) = \frac{U_o}{s(R + Ls)} = \frac{U_o}{sL(s + R/L)}$$

Eine Partialbruchzerlegung liefert

$$I(s) = \frac{U_o}{R}\left(\frac{1}{s} - \frac{1}{s + R/L}\right)$$

und durch inverse Laplace-Transformation erhält man den gesuchten Strom

$$i(t) = \frac{U_o}{R}\left(1 - e^{-\frac{R}{L}t}\right)$$

4.3.12 Differentiationssatz für die verallgemeinerte Ableitung einer Zeitfunktion

Wir haben im Abschn. 4.3.4 die Dirac'sche Deltafunktion als verallgemeinerte Ableitung der Sprungfunktion betrachtet und den Zusammenhang in der Form

$$D\,\varepsilon(t) = \delta(t) \qquad (4.41)$$

ausgedrückt, wobei als Symbol für die verallgemeinerte Ableitung D (Derivation) gewählt wurde.
Diese zunächst doch recht formale mathematische Definition ist aber auch physikalisch sinnvoll und daher für Anwendungen brauchbar. Legt man etwa an den Eingang eines Differenziergliedes eine sprungförmige Spannung, wobei der Übergang vom Spannungswert 0 zum Spannungswert 1 i.allg. innerhalb einer sehr kurzen Zeitspanne τ erfolgt (Bild 4.22), so tritt am Ausgang dieses Differenziergliedes ein sehr kurzer und hoher Spannungsimpuls auf, der in seiner idealisierten Form als ein Deltaimpuls angesehen werden kann.
Mit Hilfe der Deltafunktion als verallgemeinerte Ableitung der Sprungfunktion kann die verallgemeinerte Ableitung einer Zeitfunktion f(t) definiert werden, die, im Gegensatz zu der von der Analysis her bekannten üblichen Ableitung, auch an Sprungstellen (Unstetigkeitsstellen) der Funktion f(t) existiert.
Die praktische Bedeutung dieser verallgemeinerten Ableitung gerade für die Anwendungen der Laplace-Transformation in der Elektrotechnik werden wir später im Abschn. 4.4.3 erkennen. An dieser Stelle sei nur darauf hingewiesen, daß bei der Berechnung von Einschaltvorgängen in Netzwerken häufig Ströme oder Spannungen auftreten, die zum Schaltzeitpunkt t = 0 sich unstetig verhalten. Ersetzt man in den dabei auftretenden Differentialglichungen die üblichen Ableitungen durch die verallgmeinerten Ableitungen, so ist die Frage nach den einzusetzenden Anfangswerten eindeutig zu beantworten.

Definition 4.5:

Sei f(t) eine Zeitfunktion, die mit Ausnahme der Stellen $t = t_i$ $(i = 1,2, \dots ,n)$ überall stetig ist. Die Sprunghöhen an diesen Unstetigkeitsstellen seien

$$h_i = f(t_i + 0) - f(t_i - 0),$$

die Differenzen aus den rechts- und linksseitigen Grenzwerten der Funktion f(t).
Unter der verallgemeinerten Ableitung der Funktion f(t) versteht man

$$Df(t) = f'(t) + \sum_{i=1}^{n} h_i \delta(t - t_i) \qquad (4.60)$$

Für eine überall stetige Funktion f(t) stimmen verallgemeinerte Ableitung Df(t) und übliche Ableitung f'(t) überein. Df(t) und f'(t) stimmen an allen Stetigkeitsstellen von f(t) überein, an den Unstetigkeitsstellen, an denen f'(t) nicht definiert ist, wird die verallgemeinerte Ableitung Df(t) durch einen Deltaimpuls beschrieben, dessen Impulsfläche der jeweiligen Sprunghöhe entspricht.

Beispiel 4.59: Man bestimme die verallgemeinerte Ableitung der in Bild 4.31 dargestellten Folge von Rechteckimpulsen.

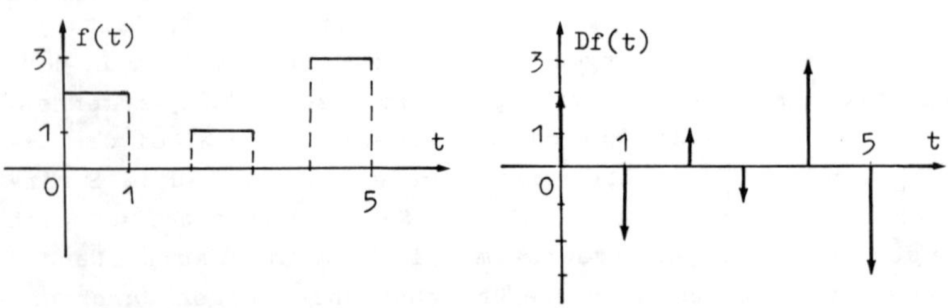

Bild 4.31 Folge von Rechteckimpulsen und verallgemeinerte Ableitung

Für die übliche Ableitung gilt

$$f'(t) = \begin{cases} \text{nicht definiert für } t = 1,2,3,4,5 \\ 0 \quad \text{sonst} \end{cases}$$

Für die Folge von Rechteckimpulsen gilt

$$f(t) = 2\varepsilon(t) - 2\varepsilon(t-1) + \varepsilon(t-2) - \varepsilon(t-3) + 3\varepsilon(t-4) - 3\varepsilon(t-5)$$

und

$$Df(t) = 2\delta(t) - 2\delta(t-1) + \delta(t-2) - \delta(t-3) + 3\delta(t-4) - 3\delta(t-5)$$

Die verallgemeinerte Ableitung einer Folge von Rechteckimpulsen ist eine Folge von Deltaimpulsen.

Wie wollen uns nun dem für die Anwendungen in der Elektrotechnik wichtigen Sonderfall zuwenden und kausale Zeitfunktionen f(t) betrachten, die, wenn überhaupt, sich nur zum Zeitpunkt $t = 0$ unstetig verhalten.

Schaltet man beispielsweise an das Netzwerk von Bild 4.32 zum Zeitpunkt $t = 0$ eine Gleichspannung $u(t) = U_o\,\varepsilon(t)$, so ändert sich der Teilstrom $i_L(t)$ stetig, der Teilstrom $i_C(t)$ dagegen unstetig.

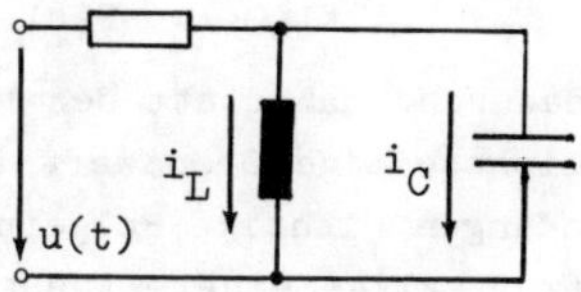

Bild 4.32 Netzwerk

Satz 4.27:

Für eine, wenn überhaupt, nur bei $t = 0$ unstetige Zeitfunktion f(t), mit der Laplace-Transformierten F(s) gilt

$$Df(t) \circ\!\!-\!\!\bullet\; sF(s) - f(-0) \tag{4.61}$$

Ist f(t) eine kausale Zeitfunktion, so ist der Anfangswert $f(-0) = 0$ und es gelten die Korrespondenzen

$$Df(t) \circ\!\!-\!\!\bullet\; s\,F(s) \tag{4.62}$$

sowie

$$D^{(n)}f(t) \circ\!\!-\!\!\bullet\; s^n\,F(s) \tag{4.63}$$

Beweis: Für eine bei $t = 0$ unstetige Zeitfunktion $f(t)$ gilt

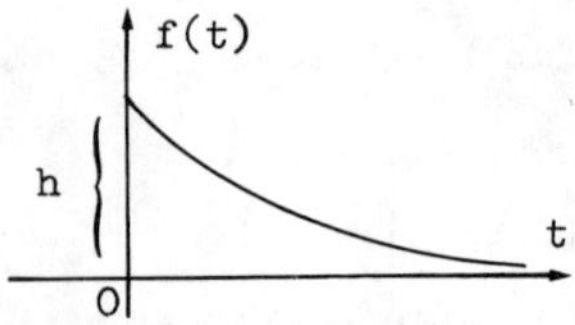

Bild 4.33 Zeitfunktion $f(t)$

$$Df(t) = f'(t) + h\,\delta(t).$$

Mit den Korrespondenzen

$$f'(t) \circ\!\!-\!\!\bullet\; sF(s) - f(+0)$$

$$\delta(t) \circ\!\!-\!\!\bullet\; 1$$

folgt mit $h = f(+0) - f(-0)$

$$Df(t) \circ\!\!-\!\!\bullet\; sF(s) - f(-0).$$

Für eine kausale Zeitfunktion ($f(t) = 0$ für alle Zeitpunkte $t < 0$) mit $f(-0) = 0$) folgt (4.62) und durch wiederholtes Anwenden von (4.62) schließlich (4.63).

Der Differentiationssatz für die verallgemeinerte Ableitung

$$Df(t) \circ\!\!-\!\!\bullet\; sF(s) - f(-0)$$

unterscheidet sich vom Differentiationssatz für die übliche Ableitung

$$f'(t) \circ\!\!-\!\!\bullet\; sF(s) - f(+0)$$

nur dadurch, daß statt des rechtsseitigen Grenzwertes $f(+0)$ der linksseitige Grenzwert $f(-0)$ auftritt. Dies hat bei den Anwendungen wichtige Folgerungen, da über den linksseitigen Grenzwert allgemeinere Aussagen gemacht werden können.

Beispiel 4.60: Es sollen die Laplace-Transformierten der Ableitungen der Deltafunktion bestimmt werden.

Für die Laplace-Transformierte der Deltafunktion selbst erhält man mit (4.61) und $f(t) = \varepsilon(t) \circ\!\!-\!\!\bullet\; F(s) = 1/s$ die uns schon bekannte Korrespondenz

$$\delta(t) = D\varepsilon(t) \circ\!\!-\!\!\bullet\; s.\frac{1}{s} - \varepsilon(-0) = 1$$

Für die verallgemeinerten Ableitungen der Deltafunktion folgt mit (4.61)

$$D^{(n)}\delta(t) \circ\!\!-\!\!\bullet\; s^n \qquad (4.64)$$

Den Bildfunktionen $F(s) = s^n$ entsprechen im Zeitbereich die Ableitungen der Deltafunktion.

4.3.13 Grenzwertsätze

a) Anfangswertsatz

Mit dem Anfangswertsatz läßt sich aus einer Bildfunktion F(s) der "Anfangswert" f(+0) der zugehörigen Zeitfunktion ohne die Kenntnis von f(t) bestimmen.

Satz 4.28:

Es sei F(s) eine Bildfunktion mit der Zeitfunktion f(t), deren Ableitung f'(t) für alle Zeitpunkte t > 0 existiert und eine Laplace-Transformierte besitzt.

Für den Anfangswert f(+0) der Zeitfunktion f(t) gilt dann

$$\lim_{t \to +0} f(t) = \lim_{s \to \infty} sF(s) \tag{4.65}$$

Beweis: Da vorausgesetzt wurde, daß f'(t), die Ableitung der Zeitfunktion f(t), für alle t > 0 existiert und eine Laplace-Tranformierte besitzt, konvergiert das Laplace-Integral der Ableitung und es gilt mit dem Differentiationssatz für die Originalfunktion

$$f'(t) \circ\!\!-\!\!\bullet \int_0^\infty f'(t)e^{-st}dt = sF(s) - f(+0)$$

Im Grenzfall s $\to$ ∞, wobei der Grenzübergang so zu führen ist, daß auch Re s $\to \infty$ strebt, gilt $f'(t)e^{-st} \to 0$ für alle Zeitpunkte t. Damit erhält man

$$\lim_{s \to \infty} \int_0^\infty f'(t)e^{-st}dt = \lim_{s \to \infty} sF(s) - f(+0)$$

$$0 = \lim_{s \to \infty} sF(s) - f(+0)$$

Durch diesen Satz wird eine Aussage über den Anfangswert der Originalfunktion f(t) gemacht. Die Existenz des Grenzwertes f(+0) ist unter den gemachten Voraussetzungen gesichert. Da man bei den Anwendungen des Satzes diese Voraussetzungen nicht immer prüfen will oder kann, sei darauf hingewiesen, daß aus der Existenz des Grenzwertes $\lim\limits_{s \to \infty} sF(s)$ nicht auf das Vorhandensein von $\lim\limits_{t \to +0} f(t)$ geschlossen werden darf.

b) Endwertsatz

Satz 4.29:

Es sei f(t) eine Zeitfunktion, für die die Voraussetzungen des Differentiationssatzes gelten und deren Laplace-Transformierte F(s) mit Ausnahme einer einfachen Polstelle bei s = 0, für Re s $\geq$ 0 keine weiteren Pole hat.
Dann gilt der folgende Endwertsatz

$$\lim_{t \to \infty} f(t) = \lim_{s \to 0} sF(s) \qquad (4.66)$$

Beweis:

Ausgehend vom Differentiationssatz für die Originalfunktion

$$f'(t) \circ\!\!-\!\!\bullet \int_{+0}^{\infty} f'(t)e^{-st}dt = sF(s) - f(+0)$$

folgt im Grenzfall $s \to 0$

$$\int_{+0}^{\infty} f'(t)dt = \lim_{t \to \infty} f(t) - \lim_{t \to 0} f(t) = \lim_{s \to 0} sF(s) - f(+0)$$

und

$$\lim_{t \to \infty} f(t) = \lim_{s \to 0} sF(s)$$

Beispiel 4.61: Gegeben ist die Bildfunktion

$$F(s) = \frac{2s^2 - s + 12}{s^3 + s^2 + 3s + 3} .$$

Es sollen der Anfangswert f(+0) und der Endwert $\lim_{t \to \infty} f(t)$ der zugehörigen Zeitfunktion bestimmt werden.

Anfangswert $$\lim_{t \to 0} f(t) = \lim_{s \to \infty} \frac{s(2s^2 - s + 12)}{s^3 + s^2 + 3s + 3} = 2$$

Endwert $$\lim_{t \to \infty} f(t) = \lim_{s \to 0} \frac{s(2s^2 - s + 12)}{s^3 + s^2 + 3s + 3} = 0$$

Damit sind Anfangs- und Endwert ohne Kenntnis der Zeitfunktion f(t) bestimmt.

Beispiel 4.62: Es sollen Anfangs- und Endwert der Zeitfunktion f(t) bestimmt werden, deren Laplace-Transformierte die Bildfunktion $F(s) = 1/\sqrt{s^2 + 1}$ ist.

Anfangswert $$\lim_{t \to 0} f(t) = \lim_{s \to \infty} s/\sqrt{s^2 + 1} = 1$$

Endwert $$\lim_{t \to \infty} f(t) = \lim_{s \to 0} s/\sqrt{s^2 + 1} = 0$$

Übungsaufgaben zum Abschnitt 4.3.13 (Lösungen im Anhang)

Beispiel 4.63: Man berechne zu den folgenden Bildfunktionen die Anfangs- und Endwerte ihrer zugehörigen Zeitfunktionen.

a) $F(s) = \dfrac{1}{(1 + 3s)^3}$ b) $F(s) = \dfrac{1}{(s - 1)(s + 2)^2}$

c) $F(s) = \dfrac{2s^2 + 3s + 2}{s^3 + 2s^2 + 2s}$ d) $F(s) = \frac{1}{s} \arctan\left(\frac{1}{s} \right)$

e) $F(s) = \dfrac{1}{s\sqrt{s + 1}}$ f) $F(s) = \frac{1}{s} \ln(1 + s)$

4.3.14 Differentiationssatz für die Bildfunktion

Satz 4.30:

Aus der Korrespondenz $F(s)$ ●—○ $f(t)$

folgt
$$\frac{dF(s)}{ds} \quad ●\!\!—\!\!○ \quad -t.f(t) \tag{4.67}$$

und
$$\frac{d^{(n)}F(s)}{ds^n} \quad ●\!\!—\!\!○ \quad (-1)^n t^n f(t) \tag{4.68}$$

Dieser Differentiationssatz für die Bildfunktion macht eine Aussage über die Originalfunktionen der Ableitungen einer Bildfunktion. Dadurch werden weitere Einsichten in die Zusammenhänge zwischen einer Bildfunktion F(s) und der zugehörigen Zeitfunktion f(t) gegeben.

Beweis: Ausgehend von der Definitionsgleichung der Laplace-Transformation

$$F(s) = \int_0^\infty f(t)e^{-st}dt$$

erhält man durch Differenzieren der Bildfunktion nach der Variablen s

$$\frac{dF(s)}{ds} = \frac{d}{ds} \int_0^\infty f(t)e^{-st}\,dt$$

Da die Variablen s und t voneinander unabhängig sind, können Differentiation und Integration vertauscht werden. Damit ergibt sich

$$\frac{dF(s)}{ds} = \int_0^\infty \frac{d}{ds}\left\{f(t)e^{-st}\right\}dt = -\int_0^\infty tf(t)e^{-st}dt$$

Das letzte Integral ist die Laplace-Transformierte der Zeitfunktion g(t) = tf(t). Durch mehrfaches Anwenden der Korrespondenz (4.67) erhält man die Korrespondenz (4.68).

Beispiel 4.64: Es soll die Laplace-Transformierte der Zeitfunktion f(t) = t.sin(at) berechnet werden.

Aus der bekannten Korrespondenz $\sin(at) ○\!\!-\!\!\bullet \frac{a}{s^2 + a^2}$

folgt mit dem Differentiationssatz für die Bildfunktion

$$t.\sin(at) ○\!\!-\!\!\bullet -\frac{dF(s)}{ds} = \frac{2as}{(s^2 + a^2)^2}$$

Beispiel 4.65:

Man berechne das Integral $\int_0^\infty t.\sin(t)\ e^{-2t}\ dt.$

Mit dem Ergebnis von Beispiel 4.64 erhält man für a = 1 die Korrespondenz

$$t.\sin(t) ○\!\!-\!\!\bullet \frac{2s}{(s^2 + 1)^2} = \int_0^\infty t.\sin(t)\ e^{-st}\ dt$$

Für s = 2 ergibt sich schließlich

$$\int_0^\infty t.\sin(t)\ e^{-2t}\ dt = 4/25 = 0{,}16$$

Beispiel 4.66:
Aus der Korrespondenz $F(s) = 1/\sqrt{s}$ ●—○ $1/\sqrt{\pi t}$ sollen mit dem Differentiationssatz für die Bildfunktion neue Korrespondenzen hergeleitet werden.

Wir erhalten

$$\frac{dF(s)}{ds} = - \frac{1}{2s\sqrt{s}} \bullet\!\!-\!\!\circ - \frac{t}{\sqrt{\pi t}} = - \frac{t^{1/2}}{\sqrt{\pi}}$$

$$\frac{d^2F(s)}{ds} = \frac{1}{2}\cdot\frac{3}{2}\cdot \frac{1}{s^2\sqrt{s}} \bullet\!\!-\!\!\circ \frac{t^{3/2}}{\sqrt{\pi}}$$

Durch Fortsetzen des Verfahrens ergibt sich die Korrespondenz

$$\frac{1}{s^n\sqrt{s}} \bullet\!\!-\!\!\circ \frac{4^n\ n!}{(2n)!} \frac{t^{n-1/2}}{\sqrt{\pi}}$$

Beispiel 4.67: Man berechne die Originalfunktion f(t) zur Bildfunktion $F(s) = \ln(1 + 1/s^2)$.

Durch Differenzieren der Bildfunktion und Zerlegung in Partialbrüche folgt

$$\frac{dF(s)}{ds} = - \frac{2}{s(s^2 + 1)} = - \frac{2}{s} + \frac{2s}{s^2 + 1}$$

Durch inverse Laplace-Transformation und Beachten des Differationssatzes für die Bildfunktion erhalten wir

$$\frac{dF(s)}{ds} \bullet\!\!-\!\!\circ -2 + 2\cos(t) = - t.f(t)$$

und daraus

$$f(t) = \frac{2 - 2\cos(t)}{t}$$

Übungsaufgaben zum Abschnitt 4.3.14 (Lösungen im Anhang)

Beispiel 4.68: Man berechne die Bildfunktionen F(s) zu den folgenden Zeitfunktionen

a) $f(t) = t.\sinh(t)$ b) $f(t) = t^2\sin(t)$

c) $f(t) = t^3\cos(t)$ d) $f(t) = t[3\sin(2t) + \cos(2t)]$

Beispiel 4.69: Man bestimme die Zeitfunktion f(t) zur Bildfunktion $F(s) = -\ln(1 + s)$.

4.3.15 Integrationssatz für die Bildfunktion

Satz 4.31:

Es sei F(s) die Bildfunktion der Originalfunktion f(t). Dann gilt unter der Voraussetzung, daß auch $g(t) = f(t)/t$ eine Bildfunktion besitzt

$$\int_s^\infty F(u)du \;\bullet\!\!-\!\!\circ\; \frac{f(t)}{t} \qquad (4.69)$$

Ist F(s) die Bildfunktion von f(t), so erhält man durch eine Integration von s bis ∞ über die Bildfunktion die Laplace-Transformierte der Zeitfunktion $g(t) = f(t)/t$.

Beweis: Gehen wir aus von der Definitionsgleichung der Laplace-Transformation

$$F(s) = \int_0^\infty f(t)e^{-st}dt$$

und bilden das Integral

$$\int_s^\infty F(u)du = \int_s^\infty \int_0^\infty f(t)e^{-ut}\, dtdu,$$

so können die Integrationen vertauscht werden, da die Variablen u und t unabhängig voneinander sind und man erhält

$$\int_s^\infty F(u)du = \int_0^\infty f(t) \int_s^\infty e^{-ut}du \; dt = \int_0^\infty f(t)\, \frac{e^{-st}}{t}\, dt$$

Das letzte Integral ist die Laplace-Transformierte der Zeitfunktion $g(t) = f(t)/t$. Da vorausgestzt wurde, daß $g(t)$ eine Laplace-Transformierte besitzt, ist die Konvergenz dieses Integrals gesichert.

Aus dem Integrationssatz für die Bildfunktion

$$F(s) \bullet\!\!-\!\!\circ\, f(t) \quad \rightarrow \quad \int_s^\infty F(u)du = \int_0^\infty \frac{f(t)}{t}\, e^{-st}\, dt$$

ergibt sich im Grenzfall $s \rightarrow 0$

$$\int_0^\infty F(s)ds = \int_0^\infty \frac{f(t)}{t}\, dt \qquad (4.70)$$

Gl.(4.70) kann, auch wenn es nicht unbedingt Aufgabe der Laplace-Transformation ist, zur Berechnung bestimmter Integrale dieses Typs verwendet werden.

<u>Beispiel 4.70:</u> Man bestimme die Laplace-Transformierte der Zeitfunktion $f(t) = \sin(t)/t$.

Aus $\sin(t) \circ\!\!-\!\!\bullet\, \frac{1}{s^2 + 1}$ folgt $\frac{\sin(t)}{t} \circ\!\!-\!\!\bullet \int_s^\infty \frac{du}{u^2 + 1}$

Das bedeutet

$$\sin(t)/t \circ\!\!-\!\!\bullet \left[\arctan(u)\right]_s^\infty = \frac{\pi}{2} - \arctan(s) = \arctan(\tfrac{1}{s})$$

Beispiel 4.71: Man berechne das Integral $\int_0^\infty \frac{\sin(t)}{t}\,dt$.

Mit Gl.(4.70) erhält man

$$\int_0^\infty \frac{\sin(t)}{t}\,dt = \int_0^\infty \frac{ds}{s^2+1} = \left[\arctan(s)\right]_0^\infty = \frac{\pi}{2}$$

Damit ist der Zahlenwert des Integralsinus für das Argument "unendlich", Si(∞), der in der Nachrichtentechnik gelegentlich gebraucht wird, berechnet. Ein anderer Weg, Si(∞) zu bestimmen, wurde im Abschnitt 4.3.9 gezeigt.

Beispiel 4.72: Gegeben ist die Korrespondenz

$$\frac{1}{s+a_1} - \frac{1}{s+a_2} \bullet\!\!-\!\!\circ\; e^{-a_1 t} - e^{-a_2 t}$$

Mit dem Integrationssatz für die Bildfunktion soll eine neue Korrespondenz gefunden werden.

Man erhält

$$\int_s^\infty F(u)du = \int_s^\infty \left\{\frac{1}{u+a_1} - \frac{1}{u+a_2}\right\} du = \ln\left[\frac{u+a_1}{u+a_2}\right]_s^\infty$$

Da der Grenwert $\lim\limits_{s \to \infty} \frac{u+a_1}{u+a_2} = 0$ ist, findet man die

Korrespondenz

$$\ln\frac{s+a_1}{s+a_2} \bullet\!\!-\!\!\circ\; \frac{e^{-a_2 t} - e^{-a_1 t}}{t}$$

Übungsaufgabe zum Abschnitt 4.3.15: (Lösungen im Anhang)

Beispiel 4.73: Man berechne die Laplace-Transformierten F(s) zu den folgenden Zeitfunktionen

a) $f(t) = \dfrac{\sinh(t)}{t}$ b) $f(t) = \dfrac{1 - e^{-t}}{t}$

c) $f(t) = \dfrac{\cos(a_1 t) - \cos(a_2 t)}{t}$

Beispiel 4.74: Man berechne die folgenden bestimmten Integrale

a) $\displaystyle\int_0^\infty \frac{\cos(4t) - \cos(t)}{t}\,dt$ b) $\displaystyle\int_0^\infty \frac{e^{-t} - e^{-3t}}{t}\,dt$

4.4 Anwendungen der Laplace-Transformation

4.4.1 Lösen von linearen gewöhnlichen Differentialgleichungen mit konstanten Koeffizienten

Definition 4.6:

Eine lineare gewöhnliche Differentialgleichung n-ter Ordnung mit konstanten Koeffizienten ist eine Differentialgleichung der Form

$$f^{(n)}(t) + a_{n-1} f^{(n-1)}(t) + \dots + a_1 f'(t) + a_o f(t) = r(t), \tag{4.71}$$

wobei r(t) eine beliebige Störungsfunktion ist. Die Differentialgleichung heißt homogen, wenn r(t) = 0 ist.

Bei einer gewöhnlichen Differentialgleichung ist die gesuchte Funktion, hier die Zeitfunktion f(t), eine Funktion von nur einer Veränderlichen.

Die betrachtete Differentialgleichung heißt linear, da die gesuchte Zeitfunktion f(t) und ihre Ableitungen nur linear auftreten.

Die Koeffizienten $a_o, a_1, \dots, a_{n-1}$ sind zeitunabhängige Konstante.

Diese, mit Hilfe der Laplace-Transformation besonders einfach lösbare Klasse von Differentialgleichungen, tritt bei vielen Problemstellungen der Elektrotechnik, etwa bei der Berechnung von Einschalt- und Ausgleichsvorgängen in Netzwerken, auf.

Zum Lösen der in Gl.(4.71) beschriebenen Differentialgleichung setzen wir voraus, das die gesuchte Zeitfunktion f(t) eine Laplace-Transformierte F(s) besitzt, daß also die Korrespondenz

$$f(t) \circ\!\!-\!\!\bullet\, F(s)$$

gilt. Mit dem Differentiationssatz für die Originalfunktion

$$f^{(n)}(t) \circ\!\!-\!\!\bullet\, s^n F(s) - s^{n-1} f(+0) - s^{n-2} f'(+0) - \dots - f^{(n-1)}(+0)$$

kann die gegebene Differentialgleichung n-ter Ordnung in den Bildraum transformiert werden. Dazu ist es notwendig, daß die im Differentiationssatz auftretenden n Anfangswerte f(+0), f'(+0), ... , $f^{(n-1)}(+0)$ bekannt sind. Gerade bei den in den Anwendungen vorkommenden Differentialgleichungen kann die Kenntnis dieser Anfangswerte i.allg. vorausgesetzt werden. Sind einige dieser Anfangswerte jedoch nicht vorgegeben, so werden für sie beliebige Konstante eingesetzt. Die Lösungsfunktion enthält dann ebenfalls diese Konstanten, die dann durch Einsetzen von anderen Nebenbedingungen bestimmt werden müssen.

Da im Differentiationssatz die Laplace-Transformierte F(s) der gesuchten Zeitfunktion linear vorkommt, erhält man durch die Transformation der linearen Differentialgleichung in den

Bildraum eine lineare Gleichung für F(s), die relativ einfach nach F(s) aufgelöst werden kann. Durch die inverse Laplace-Transformation erhält man dann die Lösungsfunktion f(t) der Differentialgleichung, die den verwendeten Anfagsbedingungen genügt.

Das Lösen einer linearen gewöhnlichen Differentialgleichung mit konstanten Koeffizienten erfolgt nach folgendem Schema.

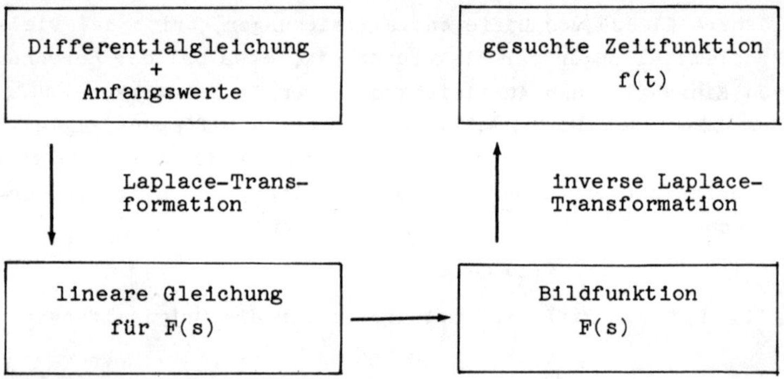

Die Lösung der Differentialgleichung wird besonders einfach, wenn alle Anfangsbedingungen verschwinden, d.h. für

$$f(+0) = f'(+0) = \ldots = f^{(n-1)}(+0) = 0.$$

In diesem Falle geht Gl.(4.71) durch Laplace-Transformation über in

$$s^n F(s) + a_{n-1} s^{n-1} F(s) + \ldots + a_o F(s) = L\left\{r(t)\right\}$$

und

$$F(s) = L\left\{r(t)\right\} / (s^n + a_{n-1} s^{n-1} + \ldots + a_1 s + a_o)$$

$$F(s) = L\left\{r(t)\right\} / N(s) \qquad (4.72)$$

Man erkennt, daß im Falle verschwindender Anfangsbedingungen, eine homogene Differentialgleichung mit konstanten Koeffizienten wegen

$$r(t) = 0 \quad \rightarrow \quad L\left\{ r(t) \right\} = 0$$

nur die triviale Lösung f(t) = 0 hat. Die Lösung der inhomogenen Differentialgleichung, bei der die Störungsfunktion r(t) nicht identisch Null ist, erhält man durch Zerlegen von Gl. (4.72) in Partialbrüche in gliedweises Transformieren in den Zeitbereich.
Im Falle nichtverschwindender Anfangswerten geht Gl.(4.72) über in

$$F(s) = \left[L\left\{ r(t) \right\} + \sum_{i=1}^{n-1} k_i s^i \right] / N(s) \qquad (4.73)$$

Der Zähler enthält, bedingt durch die nichtverschwindenden Anfangsbedingungen, zusätzlich ein Polynom der Bildvariablen s, das für $f(+0) \neq 0$ vom Grade n-1 ist.
Haben die Laplace-Transformierte der Störfunktion und der Nenner N(s) keine gemeinsame Polstellen, so hat die Bildfunktion F(s) im Falle nichtverschwindender Anfangswerte die gleichen Pole, wie im Falle verschwindender Anfangswerte; die Lösungsfunktionen sind also bis auf andere konstante Faktoren die gleichen.

Beispiel 4.75: Man berechne die Lösung der Differentialgleichung

$$f'(t) + 2f(t) = \sin(t),$$

die der Anfangsbedingung $f(+0) = 0$ genügt.

Durch Transformation der gegebenen Differentialgleichung in den Bildraum erhält man

$$s.F(s) + 2F(s) = 1/(s^2 + 1)$$

und daraus

$$F(s) = \frac{1}{(s + 2)(s^2 + 1)} = \frac{A_1}{s + 2} + \frac{A_2 s + A_3}{s^2 + 1}$$

Multiplikation mit $N(s) = (s + 2)(s^2 + 1)$ ergibt die Gleichung

$$1 = A_1(s^2 + 1) + (A_2 s + A_3)(s + 2)$$

Zur Bestimmung der unbekannten Koeffizienten A_1, A_2 und A_3 setzen wir günstige s-Werte ein und erhalten für

$s = -2$: $\quad 1 = 5A_1 \quad \rightarrow \quad A_1 = 0{,}2$

$s = 0$: $\quad 1 = 0{,}2 + 2A_3 \quad \rightarrow \quad A_3 = 0{,}4$

$s = 1$: $\quad 1 = 0{,}4 + 3A_2 + 1{,}2 \quad \rightarrow \quad A_2 = -0{,}2$

Aus

$$F(s) = 0{,}2 \left[\frac{1}{s + 2} - \frac{s}{s^2 + 1} + \frac{2s}{s^2 + 1} \right]$$

folgt durch inverse Laplace-Transformation die gesuchte Zeitfunktion

$$f(t) = 0{,}2 \left[e^{-2t} - \cos(t) + 2\sin(t) \right],$$

die der gegebenen Differentialgleichung und der Anfangsbedingung $f(+0) = 0$ genügt.

Beispiel 4.76: Man berechne die Lösungsfunktion f(t) der Differentialgleichung

$$f''(t) + 9f(t) = \cos(2t)$$

für die Nebenbedingungen $f(+0) = 0$ und $f'(\pi) = 1$.

Da die Anfangsbedingung $f'(+0)$ nicht gegeben ist, setzen wir $f'(+0) = k$ und bestimmen, nachdem eine Lösung vorliegt, die k enthält, die Konstante k so, daß $f'(\pi) = 1$ wird.

Laplace-Transformation der Differentialgleichung ergibt

$$s^2F(s) - k + 9F(s) = s/(s^2 + 4)$$

und

$$F(s) = \frac{s}{(s^2 + 9)(s^2 + 4)} + \frac{k}{s^2 + 9}$$

Eine Partialbruchzerlegung braucht hier nur für den ersten Term der rechten Seite durchgeführt werden.
Man erhält

$$\frac{s}{(s^2 + 9)(s^2 + 4)} = \frac{A_1 s + A_2}{s^2 + 9} + \frac{A_3 s + A_4}{s^2 + 4}$$

und nach der Multiplikation dieser Gleichung mit dem Nenner

$$s = (A_1 s + A_2)(s^2 + 4) + (A_3 s + A_4)(s^2 + 9)$$

$s = 2j$: $2j = (A_3 2j + A_4).5 \rightarrow A_3 = 0,2$ und $A_4 = 0$

$s = 3j$: $3j = (A_1 3j + A_2)(-5) \rightarrow A_1 = -0,2$ und $A_2 = 0$

Durch Einsetzen der imaginären Polstellen $s = 2j$, bzw. $s = 3j$ ergeben sich zwei einfache Gleichungen, aus denen durch Vergleichen von Real- und Imaginärteilen der Gleichungen jeweils zwei der unbekannten Koeffizienten bestimmt werden können.
Damit erhält man

$$F(s) = \frac{0,2s}{s^2 + 4} - \frac{0,2s}{s^2 + 9} + \frac{k}{s^2 + 9}$$

und

$$f(t) = 0,2 \cos(2t) - 0,2 \cos(3t) + \frac{k}{3} \sin(3t)$$

Zur Bestimmung der noch unbekannten Konstanten k bilden wir die Ableitung

$$f'(t) = -0,4\sin(2t) + 0,6\sin(3t) + k\cos(3t)$$

und erhalten

$$f'(\pi) = -k = 1 \rightarrow k = -1$$

Die partikuläre Lösung der Differentialgleichung, die den gegebenen Nebenbedingungen genügt, lautet somit

$$f(t) = 0{,}2\cos(2t) - 0{,}2\cos(3t) - (1/3)\sin(3t)$$

Übungsaufgaben zum Abschnitt 4.4.1 (Lösungen im Anhang)

Beispiel 4.77: Man bestimme für die folgenden Differentialgleichungen die Lösungsfunktionen f(t), die den angegebenen Anfangsbedingungen genügen

a) $$f''(t) + 3f'(t) + 2f(t) = t$$
$$f(+0) = f'(+0) = 0$$

b) $$f''(t) + 2f'(t) + f(t) = 25\sin(2t)$$
$$f(+0) = 0 \text{ und } f'(+0) = 5$$

c) $$f''(t) - 9\,f(t) = 10e^{-2t} - 6e^{-3t}$$
$$f(+0) = 2 \text{ und } f'(+0) = -1$$

d) $$f'''(t) + f(t) = 0$$
$$f(+0)=1,\ f'(+0) = 3 \text{ und } f''(+0) = 8$$

Beispiel 4.78: Man bestimme die allgemeine Lösung der Differentialgleichung

$$f''(t) + 2f'(t) + 4f(t) = 38e^{-5t}$$

Für die allgemeine Lösung werden keine bestimmten Anfangsbedingungen vorgegeben, sie enthält daher in diesem Beispiel zwei unbestimmte Konstante.

Beispiel 4.79: An ein RC-Glied (s. Bild 4.34) wird zur Zeit t = 0 eine der Zeit proportionale Eingangsspannung

$$u_e(t) = k.t$$

angelegt. Für die Ausgangsspannung $u_a(t)$ gilt die Differentialgleichung

$$RC \frac{du_a(t)}{dt} + u_a(t) = kt$$

Man bestimme die Ausgangsspannung $u_a(t)$ unter Beachtung der Anfangsbedingung $u_a(+0) = 0$.

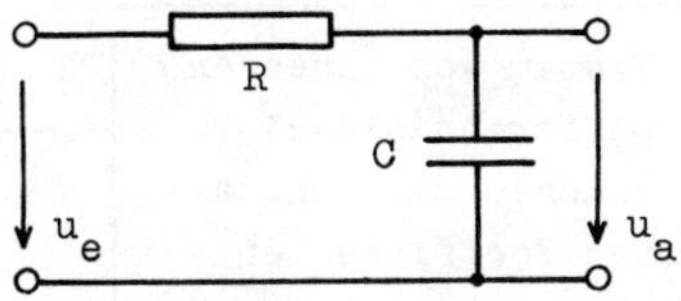

Bild 4.34 RC - Glied

4.4.2 Lösen von Systemen gewöhnlicher linearer Differentialgleichungen mit konstanten Koeffizienten

Bei vielen Aufgabenstellungen sind mehrere Zeitfunktionen gesucht, die einem System von linearen gewöhnlichen Differentialgleichungen mit konstanten Koeffizienten genügen.
Sind etwa k Maschenströme $i_1(t), i_2(t), \dots, i_k(t)$ zu berechnen, so ist ein System von k Differentialgleichungen für die k unbekannten Zeitfunktionen zu lösen.
Ein klassisches Lösungsverfahren besteht darin, ein Differentialgleichungssystem n-ter Ordnung, wobei die Ordnung des Systems durch die Summe der Ordnungen der einzelnen Differentialgleichungen gegeben ist, durch einen Eliminationsprozeß in eine Differentialgleichung n-ter Ordnung für nur eine der gesuchten Zeitfunktionen umzuwandeln. Dieser Eliminationsprozeß ist häufig kompliziert und manchmal gar nicht durchführbar.
Wesentlich einfacher gestaltet sich das Lösungsverfahren, wenn die Laplace-Transformation verwendet wird. Die gegebenen Differentialgleichungen werden unmittelbar, unter Beachtung der Anfangsbedingungen, in den Bildraum transformiert. Das System von linearen Differentialgleichungen mit konstanten Koeffizienten des Zeitbereichs wird im Bildbereich zu einem linearem Gleichungssystem für die Laplace-Transformierten der gesuchten Zeitfunktionen.

System von linearen Differentialgleichungen mit konstanten Koeffizienten + Anfangsbedingungem	→ Laplace-Transformation	Lineares Gleichungssystem für die Bildfunktionen der gesuchten Zeitfunktionen

Das lineare Gleichungssystem für die Bildfunktionen kann mit elementaren Methoden gelöst werden. Durch inverse Laplace-Transformation erhält man dann die gesuchten Zeitfunktionen.

Beispiel 4.80: Gegeben sind bei dem Kopplungsgrad k zwei mit der Gegeninduktivität $M = kL$ gekoppelte Stromkreise nach Bild 4.35. Zur Zeit $t = 0$ wird eine Gleichspannung U_o angelegt, die Eingansspannung wird also durch $u(t) = U_o\,\varepsilon(t)$ beschrieben. Berechnet werden sollen die beiden Ströme $i_1(t)$ und $i_2(t)$ mit den Anfangsbedingungen

$$i_1(+0) = i_2(+0) = 0$$

Aus den Maschengleichungen ergeben sich zwei Differentialgleichungen 1. Ordnung. Dieses System 2. Ordnung soll gelöst werden.

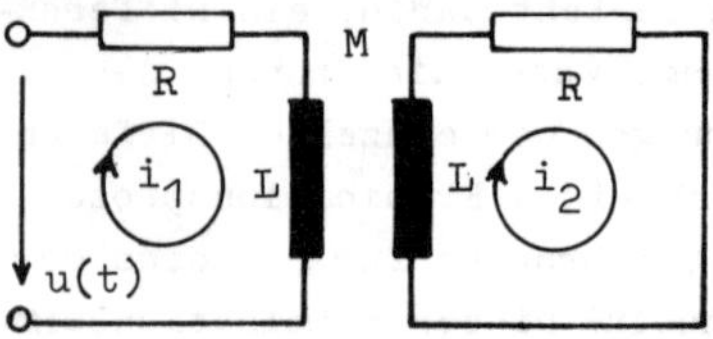

Bild 4.35 Gekoppelte Stromkreise

$$(1) \qquad L\frac{di_1(t)}{dt} + M\frac{di_2(t)}{dt} + Ri_1(t) = U_o\,\varepsilon(t)$$

$$(2) \qquad L\frac{di_2(t)}{dt} + M\frac{di_1(t)}{dt} + Ri_2(t) = 0$$

Mit den Anfangsbedingungen $i_1(+0) = i_2(+0) = 0$ ergibt die Transformation der beiden Differentialgleichungen des Zeitbereichs in den Bildraum die Gleichungen

$$(1) \quad (Ls + R)I_1(s) + MsI_2(s) = U_o/s$$

$$(2) \quad MsI_1(s) + (Ls + R)I_2(s) = 0$$

Dieses lineare Gleichungssystem für die Laplace-Transformierten $I_1(s)$ und $I_2(s)$ kann wohl am übersichtlichsten mit dem Determinantenverfahren (Cramer'sche Regel) gelöst werden.

$$I_1(s) = \frac{\begin{vmatrix} U_o/s & Ms \\ 0 & R + Ls \end{vmatrix}}{\begin{vmatrix} R + Ls & Ms \\ Ms & R + Ls \end{vmatrix}} = \frac{R + Ls}{(R + Ls)^2 - M^2s^2} \cdot \frac{U_o}{s}$$

und

$$I_2(s) = \frac{\begin{vmatrix} R + Ls & U_o/s \\ Ms & 0 \end{vmatrix}}{\begin{vmatrix} R + Ls & Ms \\ Ms & R + Ls \end{vmatrix}} = - \frac{U_o M}{(R + Ls)^2 - M^2s^2}$$

Mit der Gegeninduktivität $M = kL$ folgt weiter

$$I_1(s) = \frac{U_o(R + Ls)}{s\left[(R + Ls)^2 - k^2L^2s^2\right]} =$$

$$= \frac{U_o(R + Ls)}{L^2(1 - k^2)s\left[s + \frac{R}{L(1 + k)}\right]\cdot\left[s + \frac{R}{L(1 - k)}\right]} =$$

$$= \frac{A}{s} + \frac{B}{s + \frac{R}{L(1 + k)}} + \frac{C}{s + \frac{R}{L(1 - k)}}$$

Eine Berechnung der Zähler A, B und C der Teilbrüche ergibt

$$A = U_o/R, \quad B = - U_o/(2R) \quad \text{und} \quad C = - U_o/(2R)$$

Wir erhalten somit

$$I_1(s) = \frac{U_o}{2R}\left[\frac{2}{s} - \frac{1}{s + \frac{R}{L(1+k)}} - \frac{1}{s + \frac{R}{L(1-k)}}\right]$$

und durch eine analoge Rechnung

$$I_2(s) = \frac{U_o}{2R}\left[\frac{1}{s + \frac{R}{L(1+k)}} - \frac{1}{s + \frac{R}{L(1-k)}}\right]$$

Inverse Laplace-Transformation ergibt im Zeitbereich schließlich die gesuchten Ströme

$$i_1(t) = \frac{U_o}{2R}\left[2 - e^{-\frac{R}{L(1+k)}t} - e^{-\frac{R}{L(1-k)}t}\right]$$

und

$$i_2(t) = \frac{U_o}{2R}\left[e^{-\frac{R}{L(1+k)}t} - e^{-\frac{R}{L(1-k)}t}\right]$$

Bild 4.36 zeigt den Verlauf der beiden Ströme $i_1(t)$ und $i_2(t)$ bei $R/L = 1000\ s^{-1}$ und $U_o/R = 100$ mA für die Kopplungsgrade $k_1 = 0{,}5$ und $k_2 = 0{,}9$.

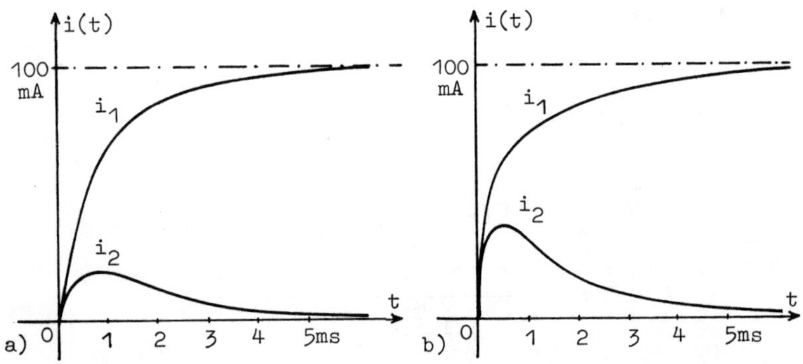

Bild 4.36 Ströme $i_1(t)$ und $i_2(t)$ von Beispiel 4.80 bei den Kopplungsgraden $k_1 = 0{,}5$ (a) und $k_2 = 0{,}9$ (b)

Beispiel 4.81: An die Schaltung von Bild 4.37 wird zur Zeit $t = 0$ die Spannung

$$u_e(t) = U_o \varepsilon(t)$$

angelegt. Es soll der zeitliche Verlauf der Spannung $u_C(t)$ an der Kapazität C berechnet werden. Die Anfangsbedingungen sind $i(+0) = 0$ und $u_C(+0) = 0$.

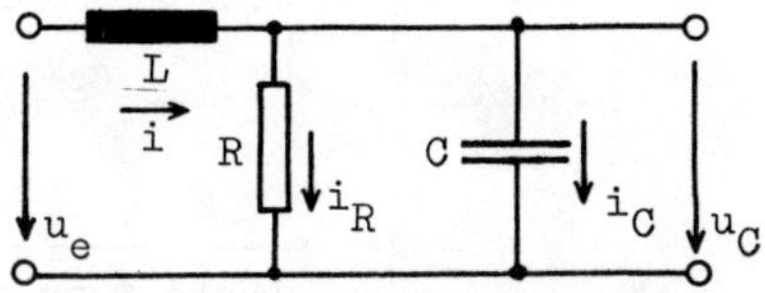

Bild 4.37 Schaltung zum Beispiel 4.81

Aus $u_L(t) + u_C(t) = u_e(t)$ folgt mit $u_L(t) = L di(t)/dt$ die Differentialgleichung

$$(1) \qquad L \frac{di(t)}{dt} + u_C(t) = u_e(t)$$

und aus $i_R(t) + i_C(t) = i(t)$ mit $i_C(t) = C\, du_C(t)/dt$ die Differentialgleichung

$$(2) \qquad C \frac{du_C(t)}{dt} + \frac{1}{R} u_C(t) = i(t)$$

Die beiden Gleichungen (1) und (2) bilden ein Differentialgleichungssystem 2. Ordnung für die Zeitfunktionen $u_C(t)$ und $i(t)$. Mit den angegebenen Anfangswerten ergibt die Transformation in den Bildraum die beiden linearen Gleichungen für die Bildfunktionen $I(s)$ und $U_C(s)$

$$(1) \qquad LsI(s) + U_C(s) = U_o/s$$

$$(2) \qquad I(s) - (Cs + 1/R)\, U_C(s) = 0$$

Durch Auflösen dieses linearen Gleichungssystems nach der Laplace-Transformierten der gesuchten Kondensatorspannung findet man

$$U_C(s) = \frac{\begin{vmatrix} Ls & U_o/s \\ 1 & 0 \end{vmatrix}}{\begin{vmatrix} Ls & 1 \\ 1 & -(Cs+1/R) \end{vmatrix}} = \frac{U_o/s}{Ls(Cs + 1/R) + 1}$$

$$= \frac{U_o}{LCs(s^2 + \frac{1}{RC} s + \frac{1}{LC})} = \frac{U_o \omega_o^2}{s(s^2 + 2\delta s + \omega_o^2)}$$

Zur letzten Umformung wurden
die Kennkreisfrequenz $\omega_o = \sqrt{1/(LC)}$
und die Abklingkonstante $\delta = 1/(2RC)$ verwendet.
Zur Partialbruchzerlegung der Bildfunktion $U_C(s)$ benötigt man die Pole von $U_C(s)$. Diese liegen bei

$$s_1 = 0 \quad \text{und} \quad s_{2,3} = -\delta \pm \sqrt{\delta^2 - \omega_o^2}$$

Je nach Art der Pole $s_{2,3}$ kann die folgenden Fälle unterscheiden. Es sei $\vartheta = \delta / \omega_o$ der Dämpfungsgrad.

1. <u>Aperiodischer Fall:</u> $\vartheta > 1$, also $\delta^2 - \omega_o^2 > 0$

   Die Pole $s_{2,3}$ sind reel und voneinander verschieden. Wir erhalten somit die Partialbruchzerlegung

$$U_C(s) = \frac{A_1}{s} + \frac{A_2}{s + \delta + \sqrt{\delta^2 - \omega_o^2}} + \frac{A_3}{s + \delta - \sqrt{\delta^2 - \omega_o^2}}$$

   und im Zeitbereich die Kondensatorspannung

$$u_C(t) = A_1 + e^{-\delta t}\left[A_2 e^{-\sqrt{\delta^2 - \omega_o^2}\, t} + A_3 e^{\sqrt{\delta^2 - \omega_o^2}\, t} \right]$$

   Die Berechnung der Konstanten ergibt

$$A_1 = U_o, \quad A_2 = \frac{U_o}{2} / \left\{ \left[\sqrt{\vartheta^2 - 1} + \vartheta \right] \sqrt{\vartheta^2 - 1} \right\}$$

   und

$$A_3 = \frac{U_o}{2} / \left\{ \left[\sqrt{\vartheta^2 - 1} - \vartheta \right] \sqrt{\vartheta^2 - 1} \right\}$$

2. Aperiodischer Grenzfall: $\vartheta = 1$, also $\delta^2 - \omega_o^2 = 0$

Die Pole $s_{2,3} = -\delta$ sind reell und gleich groß. Dies führt zur Partialbruchzerlegung

$$U_C(s) = \frac{A_1}{s} + \frac{A_2}{(s+\delta)^2} + \frac{A_3}{s+\delta}$$

und im im Zeitbereich

$$u_C(t) = U_o\left[1 - (\omega_o t + 1)e^{-\delta t}\right]$$

3. Periodischer Fall: $\vartheta < 1$, also $\delta^2 - \omega_o^2 < 0$

Die Pole $s_{2,3}$ sind jetzt konjugiert komplex. Wir erhalten daher die Partialbruchentwicklung

$$U_C(s) = \frac{U_o\omega_o^2}{s[s^2 + 2\delta s + \omega_o^2]} = \frac{A_1}{s} + \frac{A_2 s + A_3}{s^2 + 2\delta s + \omega_o^2}$$

und nach Berechnung der Konstanten mit der Eigenkreisfrequenz

$$\omega = \sqrt{\omega_o^2 - \delta^2}$$

im Zeitbereich die Kondensatorspannung

$$u_C(t) = U_o\left[1 - e^{-\delta t}(\cos\omega t + \frac{\delta}{\omega}\sin\omega t)\right]$$

Beispiel 4.82: Man berechne die Zeitfunktionen x(t) und y(t), des Differentialgleichungssystem

(1) $\frac{d^2x(t)}{dt^2} = y(t)$ (2) $\frac{dy(t)}{dt} - y(t) = 4\frac{dx(t)}{dt} - 4x(t)$

das den Anfangsbedingungen

$$x(+0) = 0, \; y(+0) = 1 \text{ und } x'(+0) = 1$$

genügt.

Durch Laplace-Transformation erhalten wir im Bildraum das lineare Gleichungssystem

$$(1) \qquad s^2X(s) - Y(s) = 1$$

$$(2) \qquad (-4s + 4)X(s) + (s - 1)Y(s) = 1$$

Auflösen dieses Gleichungssystem mit der Cramer'schen Regel ergibt

$$X(s) = \frac{\begin{vmatrix} 1 & -1 \\ 1 & (s-1) \end{vmatrix}}{\begin{vmatrix} s^2 & -1 \\ (-4s+4) & (s-1) \end{vmatrix}} = \frac{s}{s^3 - s^2 - 4s + 4}$$

und analog

$$Y(s) = \frac{\begin{vmatrix} s^2 & 1 \\ (-4s+4) & 1 \end{vmatrix}}{\begin{vmatrix} s^2 & -1 \\ (-4s+4) & (s-1) \end{vmatrix}} = \frac{s^2 + 4s - 4}{s^3 - s^2 - 4s + 4}$$

Zur Partialbruchzerlegung benötigen wir die Polstellen der Bildfunktionen. Sie ergeben sich als die Lösungen der algebraischen Gleichung 3. Grades

$$s^3 - s^2 - 4s + 4 = 0.$$

Eine Möglichkeit, eine derartige Gleichung zu lösen, besteht darin, eventuell vorhandene ganzzahlige Lösungen durch Probieren zu finden. Da das Produkt der Lösungen bis auf das Vorzeichen das konstante Glied ergibt (Koeffizientensatz von Vieta), kommen hier zum Probieren die ganzen Zahlen ± 1, ± 2 und ± 4 in Frage. Es ist $s_1 = 1$ eine leicht erkennbare Lösung. Durch Division mit den Linearfaktor $s - 1$ ergibt sich die quadratische Gleichung

$$s^2 - 4 = 0$$

mit den Lösungen $s_2 = 2$ und $s_3 = -2$.

Hieraus resultieren die Partialbruchzerlegungen

$$X(s) = \frac{A_1}{s-1} + \frac{A_2}{s-2} + \frac{A_3}{s+2}$$

$$= -\frac{1}{3}\cdot\frac{1}{s-1} + \frac{1}{2}\cdot\frac{1}{s-2} - \frac{1}{6}\cdot\frac{1}{s+2}$$

und

$$Y(s) = \frac{B_1}{s-1} + \frac{B_2}{s-2} + \frac{B_3}{s+2}$$

$$= -\frac{1}{3}\cdot\frac{1}{s-1} + 2\cdot\frac{1}{s-2} - \frac{2}{3}\cdot\frac{1}{s+2}$$

Rücktransformation in den Zeitbereich ergibt die gesuchten Lösungsfunktionen

$$x(t) = -\frac{1}{3}\,e^{t} + \frac{1}{2}\,e^{2t} - \frac{1}{6}\,e^{-2t}$$

und

$$y(t) = -\frac{1}{3}\,e^{t} + 2\,e^{2t} - \frac{2}{3}\,e^{-2t}$$

Es läßt sich leicht bestätigen, daß diese Zeitfunktionen das Differentialgleichungssystem und die vorgegebenen Anfangsbedingungen erfüllen.

Übungsaufgaben zum Abschnitt 4.4.2 (Lösungen im Anhang)

Beispiel 4.83: Man löse das Differentialgleichungssystem 2. Ordnung

(1) $dx(t)/dt - 2x(t) - 4y(t) = \cos(t)$

(2) $dy(t)/dt + x(t) + 2y(t) = \sin(t)$

mit den Anfangswerten $x(+0) = 0$ und $y(+0) = 1$.

Beispiel 4.84: Man berechne die Lösungen x(t) und y(t) der Differentialgleichungen

$$(1) \quad \frac{d^2x(t)}{dt^2} = y(t) \qquad (2) \quad \frac{dy(t)}{dt} = 9\,\frac{dx(t)}{dt},$$

die den Anfangsbedingungen $x(+0) = 1$, $y(+0) = 6$ und $x'(+0) = 0$ genügen.

Beispiel 4.85: Man berechne die Lösungen x(t) und y(t) des folgenden Systems von Differentialgleichungen

$$(1) \quad x'(t) = 2x(t) - 3y(t) \qquad (2) \quad y'(t) = y(t) - 2x(t)$$

mit den Anfangsbedingungen $x(+0) = 8$ und $y(+0) = 3$.

Beispiel 4.86:

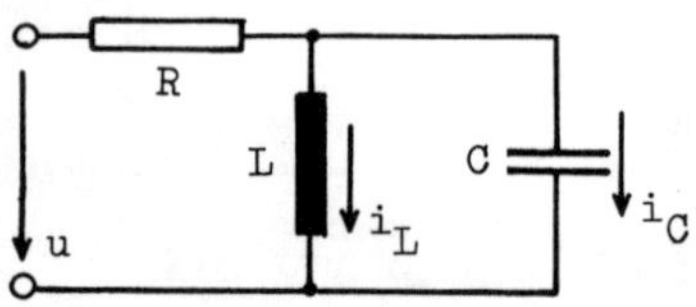

Bild 4.38 Schaltung von Beispiel 4.86

An die Schaltung von Bild 4.38 wird zur Zeit $t = 0$ eine Gleichspannung U_o angelegt, d.h. es gilt $u(t) = U_o\,\varepsilon(t)$. Für die Teilströme $i_L(t)$ und $i_C(t)$ gelten die Differentialgleichungen

$$(1) \quad R\left[\,i_L(t) + i_C(t)\,\right] + L\,\frac{di_L(t)}{dt} = U_o\,\varepsilon(t)$$

$$(2) \quad L\,\frac{di_L(t)}{dt} = \frac{1}{C}\int_0^t i_C(\tau)\,d\tau$$

Man berechne für $1/(2RC) < 1/\sqrt{LC}$, d.h. für den periodischen Fall, den Teilstrom $i_C(t)$, wenn die Anfangsbedingungen

$$i_L(+0) = 0 \quad \text{und} \quad i_C(+0) = 0$$

gelten.

4.4.3 RCL - Netzwerke

Die Frage nach den Strömen und Spannungen in den Zweigen eines RCL-Netzwerks führt im Zeitbereich auf ein System von linearen gewöhnlichen Differentialgleichungen mit konstanten Koeffizienten.
Im Bildbereich wird daraus durch Laplace-Transformation ein lineares Gleichungssystem für die Laplace-Transformierten der gesuchten Ströme und Spannungen.

In diesem Abschnitt soll gezeigt werden, daß man das lineare Gleichungssystem des Bildbereichs direkt, d.h. ohne Kenntnis des Differentialgleichungssystem des Zeitbereichs, erhalten kann. Dadurch wird das Lösungsverfahren noch einmal wesentlich vereinfacht.

Definition 4.7:

> Ein Netzwerk heißt für Zeitpunkte $t < 0$ unerregt, wenn für alle Zeitpunkte $t < 0$, alle Teilspannungen $u_k(t)$ und für alle Teilströme $i_k(t)$
>
> $$u_k(t) = 0 \quad \text{und} \quad i_k(t) = 0$$
>
> gilt.

a) RCL-Netzwerke, die für $t < 0$ unerregt sind

Wir wollen im folgenden zunächst nur Netzwerke betrachten, die für $t < 0$ unerregt sind.

Bei der Transformation eines Systems von linearen Differentialgleichungen des Zeitbereichs in den Bildbereich tritt die wichtige Frage nach den Anfangsbedingungen auf.
Da zugelassen werden soll, daß die zum Schaltzeitpunkt $t = 0$ einsetzende Erregung sich sprunghaft ändert, werden dann Teilströme und Teilspannungen an Wirkwiderständen sich ebenfalls sprunghaft ändern.

Bei unstetigen Erregungen werden sich an Induktivitäten Spannungen, nicht aber Ströme, an Kapazitäten Ströme, nicht aber Spannungen, ebenfalls unstetig verhalten.
Die in den Differentialgleichungen auftretenden üblichen Ableitungen sind für $t = 0$ nicht in allen Fällen definiert.
Wir müssen daher die in den Differentialgleichungen auftretenden Ableitungen durch verallgemeinerte Ableitungen ausdrücken.
Verlaufen für $t = 0$ Teilströme oder Teilspannungen stetig, so stimmen ihre verallgemeinerten Ableitungen mit den üblichen Ableitungen überein.
Anstelle des Differentiationssatzes für die Originalfunktion, der die rechtsseitigen Grenzwerte als Anfangswerte enthält, müssen wir den Differentiationssatz für die verallgemeinerte Ableitung einer Zeitfunktion verwenden, der die linksseitigen Grenzwerte als Anfangswerte enthält.
Gerade diese linksseitigen Grenzwerte aber sind es, die unter der Voraussetzung, daß das Netzwerk für $t < 0$ unerregt ist, alle Null sind.
Würden wir von den üblichen Ableitungen ausgehen und bei Netzwerken die für $t < 0$ unerregt sind, die rechtsseitigen Grenzwerte Null setzen, was häufig vorgeschlagen wird, so kann dies zu widersprüchlichen Ergebnissen führen. Es kann dann vorkommen, daß das richtige Ergebnis einen rechtsseitigen Grenzwert besitzt, der entgegen der Vorraussetzung ungleich Null ist.

Satz 4.32:

Für die Teilströme $i_k(t)$ und die Teilspannungen $u_k(t)$ eines für $t < 0$ unerregten Netzwerks gelten die Korrespondenzen

$$i_k(t) \circ\!\!-\!\!\bullet I_k(s) \qquad D^{(n)} i_k(t) \circ\!\!-\!\!\bullet s^n I_k(s)$$

$$u_k(t) \circ\!\!-\!\!\bullet U_k(s) \qquad D^{(n)} u_k(t) \circ\!\!-\!\!\bullet s^n U_k(s) \qquad (4.74)$$

Betrachten wir nun die Serienschaltung von Wirkwiderstand R, Kapazität C und Induktivität L in Bild 4.39, so gilt, wenn das System für $t < 0$ unerregt ist, die Spannungsgleichung

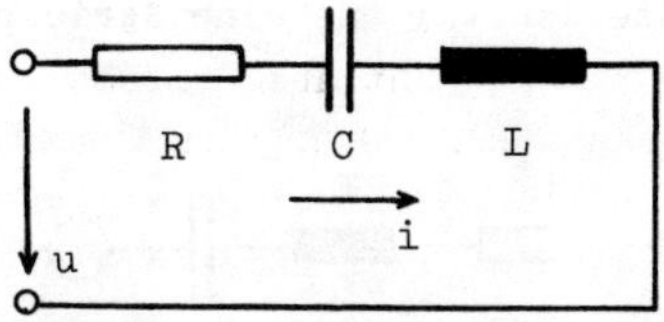

Bild 4.39 Serienschaltung

$$Ri(t) + \frac{1}{C}\int_0^t i(\tau)\,d\tau + LDi(t) = u(t)$$

Durch Laplace-Transformation geht die Spannungsgleichung über in

$$R.I(s) + \frac{1}{C}\cdot\frac{1}{s}\,I(s) + Ls.I(s) = U(s)$$

bzw.

$$\left[R + \frac{1}{Cs} + Ls\right] I(s) = U(s) \tag{4.75}$$

Gl.(4.75) ist als "Ohm'sches Gesetz im Bildbereich"

$$Z(s).I(s) = U(s) \tag{4.76}$$

interpretierbar, wenn wir den einzelnen Schaltelementen symbolische Widerstände (Bildwiderstände) zuordnen.

Tafel 1 Symbolische Widerstände

Glied	Zeitwert der Spannung	Bildspannung	symbolischer Widerstand
R	$u_R(t) = R\,i(t)$	$U_R(s) = R\,I(s)$	$Z_R(s) = R$
C	$u_C(t) = \frac{1}{C}\int_0^t i(\tau)\,d\tau$	$U_C(s) = \frac{I(s)}{Cs}$	$Z_C(s) = 1/Cs$
L	$u_L(t) = L\,\frac{di(t)}{dt}$	$U_L(s) = Ls\,I(s)$	$Z_L(s) = Ls$

Stellen wir uns eine Serienschaltung von Wirkwiderstand R, Induktivität L, Kapazität C und Spannungsquelle u(t) als Zweig eines größeren Netzwerks vor, so geht, wie in Bild 4.40 dargestellt ist, der Originalzweig durch Laplace-Transformatiom in einen entsprechenden Bildzweig über. Das gesamte Originalnetzwerk wird so in ein "Bildnetzwerk" mit den entsprechenden Bildströmen, Bildspannungen und Bildwiderständen übergeführt.

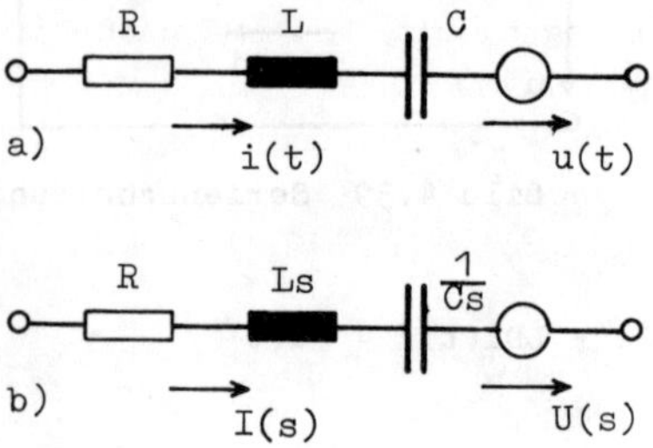

Bild 4.40 Originalzweig (a) und Bildzweig (b) eines Netzwerks

Dabei gilt der folgende wichtige Satz.

Satz 4.33:

Für die Bildströme $I_k(s)$, Bildspannungen $U_k(s)$ und die symbolischen Widerstände $Z_k(s)$ eines für $t < 0$ unerregten Netzwerks gelten formal die gleichen Netzwerksätze wie für die Originalströme $i_k(t)$, Originalspannungen $u_k(t)$ und die Originalwiderstände.

Wir können damit auf das Aufstellen der Differentialgleichungen des Zeitbereichs und ihre Transformation in den Bildbereich verzichten und die im Bildbereich geltenden Gleichungen mit den Netzwerksätzen (Ohm'sches Gesetz, Kirchhof'sche Regeln, Maschenregeln) direkt aus den Schaltungen herleiten.

Ein ähnliches Vorgehen ist von der symbolischen Methode der Wechselstromtechnik her bekannt. Dort werden im Sonderfall sinusförmiger Erregungen die Ströme und Spannungen im stationären Zustand mit den Gesetzen der Gleichstromlehre dadurch berechnet, daß man den Schaltelementen komplexe Widerstände zuordnet. Im Gegensatz zur symbolischen Methode der Wechselstromlehre wird hier über die Erregung u(t) keine Einschränkung gemacht, außer der, daß sie eine Laplace-Transformierte U(s) haben soll. Durch inverse Laplace-Transformation erhält man die Originalströme und Spannungen, die nicht nur für die Zeit $t \to \infty$ den stationären Zustand, sondern auch den Einschaltvorgang beschreiben.

Auf den Fall, daß das Netzwerk für $t < 0$ nicht unerregt ist, werden wir später eingehen.

<u>Beispiel 4.87:</u> An den Stromkreis von Bild 4.41 wird zur Zeit $t = 0$ die Spannung $u(t) = U_o\,\varepsilon(t)$ angelegt. Man berechne den Strom i(t).

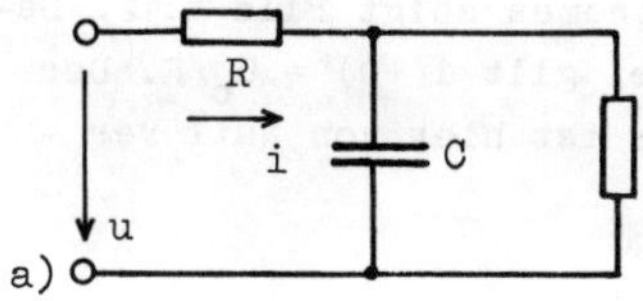

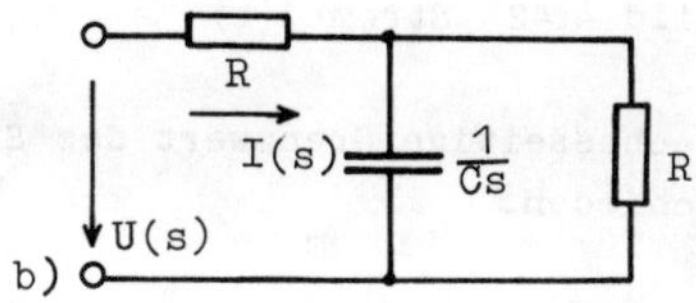

Bild 4.41 Schaltung zu Beispiel 4.87
a) Originalkreis b) Bildkreis

Aus dem Bildkreis erhalten wir den symbolischen Gesamtwiderstand

$$Z(s) = R + \frac{R.(1/Cs)}{R + 1/Cs} = R\,\frac{RCs + 2}{RCs + 1} = R\,\frac{s + 2/RC}{s + 1/RC}$$

und den Bildstrom

$$I(s) = U(s)/Z(s) = \frac{1}{R}\,\frac{s + 1/RC}{s + 2/RC}\,\frac{U_o}{s} = \frac{A_1}{s} + \frac{A_2}{s + 2/RC}$$

Mit $$A_1 = \left[\frac{U_o}{R} \cdot \frac{s + 1/RC}{s + 2/RC}\right]_{s=0} = \frac{U_o}{2R}$$

und
$$A_2 = \left[\frac{U_o}{R} \cdot \frac{s + 1/RC}{s}\right]_{s = -2/RC} = \frac{U_o}{2R}$$

findet man schließlich

$$I(s) = \frac{U_o}{2R}\left[\frac{1}{s} + \frac{1}{s + 2/RC}\right]$$

und durch inverse Laplace-Transformation den Strom

$$i(t) = \frac{U_o}{2R}\left[1 + e^{-\frac{2t}{RC}}\right]$$

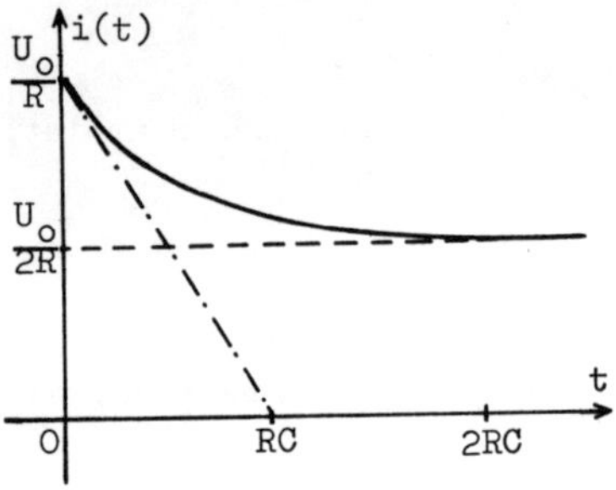

Bild 4.42 Strom i(t)

Den zeitlichen Verlauf des Stromes zeigt Bild 4.42. Dabei gilt $i(+0) = U_o/R$. Der rechtsseitige Grenzwert des Stromes ist hier von Null verschieden.

Beispiel 4.88: Für das in Bild 4.43 dargestellte Netzwerk mit den Maschenströmen $i_1(t)$, $i_2(t)$ und $i_3(t)$ soll für die Einganssspannung $u_e(t) = U_o\,\varepsilon(t)$ die zugehörige Ausgangsspannung $u_a(t)$ berechnet werden.

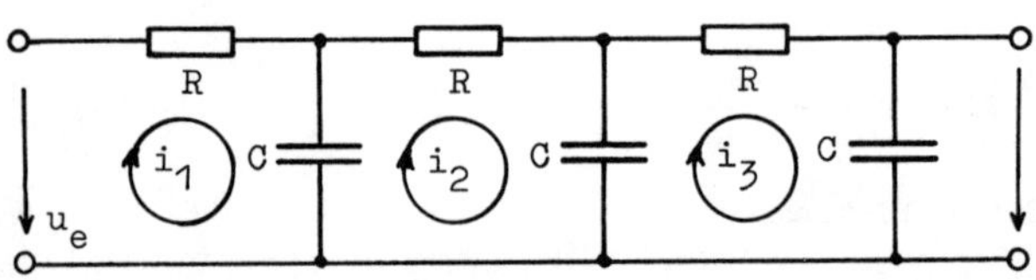

Bild 4.43 Netzwerk zu Beispiel 4.88

Bezüglich der schon mehrmals verwendeten und auch in diesem Beispiel verwendeten elektrotechnischen Berechnungsverfahren sei auf die im Literaturverzeichnis angegeben Bücher hinge - gewiesen.
Für die Bildströme ergeben sich unter Verwendung der symbolischen Widerstände nach dem Maschenstrom-Verfahren die hier schon geordneten Spannungsgleichungen des Bildbereichs.

$$\begin{aligned}
(R + \tfrac{1}{Cs})I_1(s) \; - \; \tfrac{1}{Cs} I_2(s) \qquad\qquad\qquad\qquad &= U_e(s) \\
-\tfrac{1}{Cs} I_1(s) + (R + \tfrac{2}{Cs})I_2(s) - \tfrac{1}{Cs} I_3(s) &= 0 \\
-\tfrac{1}{Cs} I_2(s) + (R + \tfrac{2}{Cs})I_3(s) &= 0
\end{aligned}$$

Die Auflösung dieses Gleichungssystems nach dem zur Berechnung von $U_a(s)$ benötigten Bildstrom $I_3(s)$ führt zu

$$I_3(s) = \frac{\begin{vmatrix} (R + 1/Cs) & -1/Cs & U_e(s) \\ -1/Cs & (R + 2/Cs) & 0 \\ 0 & -1/Cs & 0 \end{vmatrix}}{\begin{vmatrix} (R + 1/Cs) & -1/Cs & 0 \\ -1/Cs & (R + 2/Cs) & -1/Cs \\ 0 & -1/Cs & (R + 2/Cs) \end{vmatrix}}$$

$$= \frac{Cs}{R^3C^3s^3 + 5R^2C^2s^2 + 6RCs + 1} U_e(s)$$

Mit der Eingangsspannung $u_e(t) = U_o\,\varepsilon(t) \circ\!\!-\!\!\bullet\; U_e(s) = U_o/s$ folgt für die Lpalace-Transformierte der Ausgangsspannung

$$U_a(s) = \frac{1}{Cs} I_3(s) = \frac{U_o}{s\left[R^3C^3s^3 + 5R^2C^2s^2 + 6RCs + 1\right]}$$

Um nun die Ausgangsspannung $u_a(t)$ durch inverse Laplace-Transformation bestimmen zu können, müssen wir die echt gebrochen rationale Bildfunktion $U_a(s)$ in Partialbrüche zerlegen. Dazu benötigen wir die Pole von $U_a(s)$, d.h. die Lösungen der Gleichung

$$s\left[R^3C^3s^3 + 5R^2C^2s^2 + 6RCs + 1\right] = 0$$

Die Polstelle $s_1 = 0$ erkennt man sofort. Setzt man $RCs = x$, so ergeben sich die übrigen Pole über die Lösungen der algebraischen Gleichung

$$x^3 + 5x^2 + 6x + 1 = 0.$$

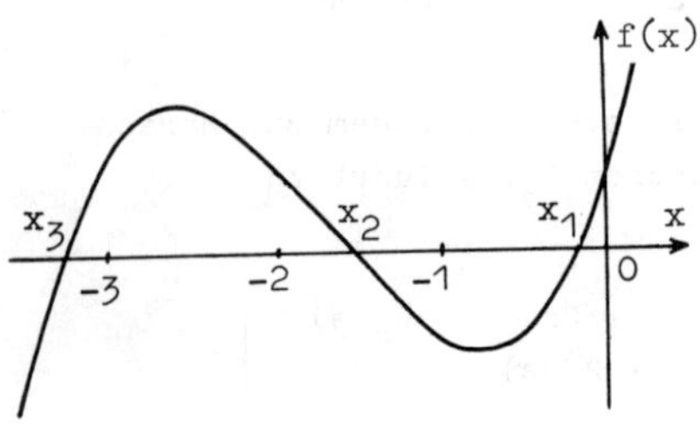

Bild 4.44 Verlauf der Funktion $f(x) = x^3 + 5x^2 + 6x + 1$

Einen ersten Überblick über die Lage der gesuchten Nullstellen ergibt der im Bild 4.44 dargestellte Verlauf der Funktion

$$f(x) = x^3 + 5x^2 + 6x + 1.$$

Die graphisch ermittelten Näherungswerte $x_1 \approx -0{,}2$, $x_2 \approx -1{,}5$ und $x_3 \approx -3{,}2$ können mit einem numerischen Näherungsverfahren verbessert werden. Wählen wir das Newton'sche Näherungsverfahren, so erhalten wir für die Nullstelle x_1 den verbesserten Wert

$$x_1 = -0{,}2 - f(-0{,}2)/f'(-0{,}2) = -0{,}2 - (-0{,}008)/4{,}12 = \\ = -0{,}198058...$$

Eine weitere Anwendung des Newton'schen Näherungsverfahren zeigt die ersten 3 Dezimalstellen von x_1 unverändert. Analog werden x_2 und x_3 berechnet und wir erhalten die auf 3 Dezimalstellen gerundeten Werte

$$x_1 = -\,0{,}198 \quad \rightarrow \quad s_2 = -\,0{,}198/RC$$

$$x_2 = -\,1{,}555 \quad \rightarrow \quad s_3 = -\,1{,}555/RC$$

$$x_3 = -\,3{,}247 \quad \rightarrow \quad s_4 = -\,3{,}247/RC$$

Der im Koordinatennullpunkt liegenden Polstelle $s_1 = 0$ entspricht im Zeitbereich ein konstanter Anteil, den anderen Polstellen verschieden schnell abklingende Exponentialfunktionen. Da nun die Polstellen von $U_a(s)$ bekannt sind, kann die Partialbruchzerlegung durchgeführt werden.
Es gilt

$$U_a(s) = \frac{U_o/(R^3C^3)}{s(s+\frac{0{,}198}{RC})(s+\frac{1{,}555}{RC})(s+\frac{3{,}247}{RC})}$$

$$U_a(s) = \frac{A_1}{s} + \frac{A_2}{s+\frac{0{,}198}{RC}} + \frac{A_3}{s+\frac{1{,}555}{RC}} + \frac{A_4}{s+\frac{3{,}247}{RC}}$$

Für die Konstanten erhält man die auf 3 Dezimalstellen gerundeten Werte

$A_1 = U_o$, $A_2 = -\,1{,}220U_o$, $A_3 = 0{,}280U_o$ und $A_4 = -\,0{,}060U_o$.

Durch inverse Laplace-Transformation findet man schließlich die gesuchte Ausgangsspannung

$$u_a(t) = U_o\left[1-1{,}220e^{-\frac{0{,}198}{RC}t} + 0{,}280e^{-\frac{1{,}555}{RC}t} - 0{,}060e^{-\frac{3{,}247}{RC}t}\right]$$

Wie schon bei der Betrachtung des gegebenen Netzwerks zu erkennen war, gilt für den konstanten Anteil A_1 der Ausgangsspannung $A_1 = \lim_{t\to\infty} u_a(t) = U_o$. Nach langer Zeit liegt am Ausgang die Spannung U_o.
Dieser Zusammenhang läßt sich auch mit dem Endwertsatz

$$\lim_{t\to\infty} u_a(t) = \lim_{s\to 0} s.U_a(s) = U_o$$

berechnen.

Der zeitliche Verlauf der Ausgangsspannung $u_a(t)$ ist in Bild 4.45 dargestellt. Da das am langsamsten abklingende Glied die größte Amplitude hat, erreicht die Ausgangsspannung $u_a(t)$ erst zur Zeit $t = 15$ RC den Wert $0{,}937\ U_o$.

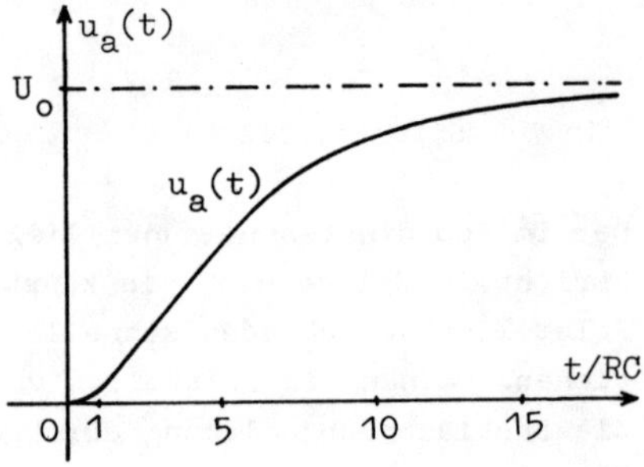

Bild 4.45 Ausgangsspannung $u_a(t)$

Beispiel 4.89: Man berechne den Stromverlauf i(t), wenn an das RC-Glied in Bild 4.46 a die in Bild 4.46 b dargestellte Spannung u(t) angelegt wird.

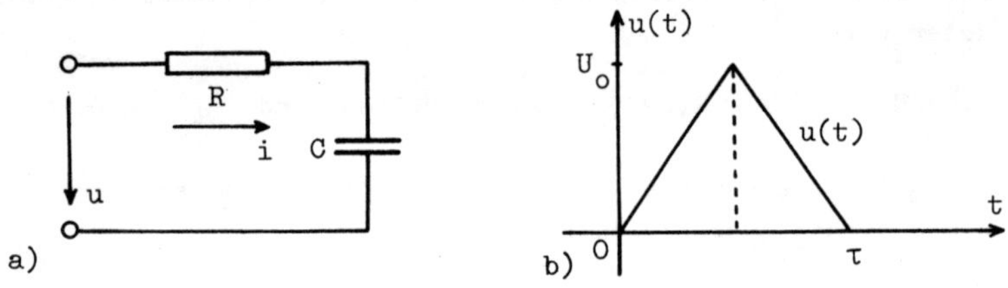

Bild 4.46 RC-Glied (a) und Spannungsverlauf u(t) von Beispiel 4.89

Im Bildraum gilt nach dem Ohm'schen Gesetz für den Bildstrom

$$I(s) = \frac{U(s)}{Z(s)} = \frac{U(s)}{R + \frac{1}{Cs}} = \frac{Cs}{RCs + 1}\,U(s) = \frac{1}{R}\,\frac{s}{s + \frac{1}{RC}}\,U(s)$$

Nach dem im Abschnitt 4.3.10 behandelten Beispiel 4.53 gilt für die Bildspannung

$$U(s) = \frac{2U_o}{\tau}\frac{1}{s^2}\left[1 - e^{-s\tau/2}\right]^2$$

Für den Bildstrom folgt damit

$$I(s) = \frac{2U_o}{R\tau}\frac{1}{s(s + 1/RC)}\left[1 - 2e^{-s\tau/2} + e^{-s\tau}\right]$$

Eine Partialbruchzerlegung ergibt

$$\frac{1}{s(s + 1/RC)} = RC\left[\frac{1}{s} - \frac{1}{s + 1/RC}\right]$$

Hiermit erhalten wir den Bildstrom

$$I(s) = \frac{2U_oC}{\tau}\left[\frac{1}{s} - \frac{1}{s + 1/RC}\right]\left[1 - 2e^{-s\tau/2} + e^{-s\tau}\right]$$

Man kann nun den Bildstrom in drei Anteile

$$I(s) = I_1(s) + I_2(s) + I_3(s) \quad \text{mit}$$

$$I_1(s) = \frac{2U_oC}{\tau}\left[\frac{1}{s} - \frac{1}{s + 1/RC}\right],$$

$$I_2(s) = \frac{2U_oC}{\tau}\left[\frac{1}{s} - \frac{1}{s + 1/RC}\right]\left[-2e^{-s\tau/2}\right] \quad \text{und}$$

$$I_3(s) = \frac{2U_oC}{\tau}\left[\frac{1}{s} - \frac{1}{s + 1/RC}\right]e^{-s\tau}$$

aufspalten. Nach dem Verschiebungssatz besteht der Strom $i(t)$ aus drei Anteilen, von denen $i_1(t)$ zur Zeit $t = 0$, $i_2(t)$ zur Zeit $t = \tau/2$ und $i_3(t)$ zur Zeit $t = \tau$ einsetzt. Es gilt daher im Zeitbereich

$$i(t) = \begin{cases} \frac{2U_oC}{\tau}\left[1 - e^{-t/RC}\right] & \text{für } 0 < t < \tau/2 \\ \frac{2U_oC}{\tau}\left[-1 - e^{-t/RC} + 2e^{-(t-\tau/2)/RC}\right] & \text{für } \tau/2 < t < \tau \\ \frac{2U_oC}{\tau}\left[-e^{-t/RC} + 2e^{-(t-\tau/2)/RC} - e^{-(t-\tau)/RC}\right] & \text{für } t > \tau \end{cases}$$

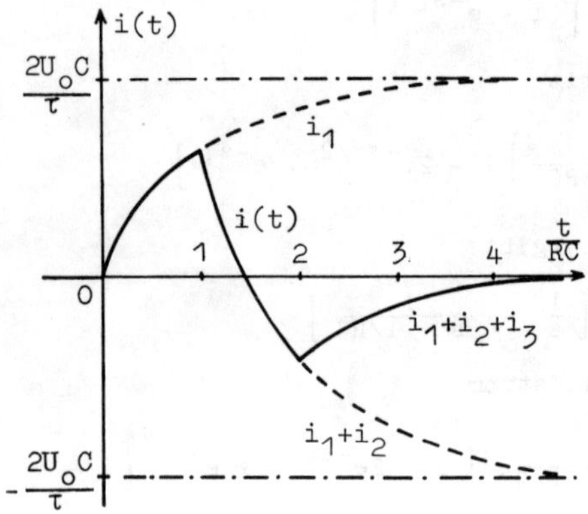

Bild 4.47 Stromverlauf i(t)

Entsprechend dem Spannungsverlauf, nämlich linear ansteigende Spannung für $0 < t < \tau/2$, linear abfallende Spannung für $\tau/2 < t < \tau$ und Spannung $u(t) = 0$ für $t > \tau$, wird der Strom i(t) in den drei Zeitintervallen durch verschiedene Funktionen beschrieben.
Bild 4.47 zeigt den Verlauf des Stromes i(t) für $\tau/2 = 1/(RC)$.

b) <u>Netzwerke, die für t < 0 nicht unerregt sind</u>

Wir wollen nun den Fall behandeln, daß das Netzwerk für $t < 0$ nicht unerregt ist.
Dabei sind zwei Fälle zu beachten.

1. Der Strom in einer Induktivität kann einen Anfangswert

$$i_L(-0) = i_o$$

   haben und

2. die Spannung an einer Kapazität kann den Anfangswert

$$u_C(-0) = U_o$$

   besitzen.

Die linkseitigen Grenzwerte $i_L(-0)$ und $u_C(-0)$ sind Werte, die aus der Vergangenheit des Systems resultieren. Auf welche Art diese Anfangswerte entstanden sind, spielt dabei keine Rolle.

1. Induktivität mit einem Anfangsstrom $i_L(-0) = i_o$

An die Schaltung von Bild 4.48 werde zur Zeit $t = 0$ eine Spannung u(t) angelegt. Die Induktivität L hat einen Anfangsstrom i_o.

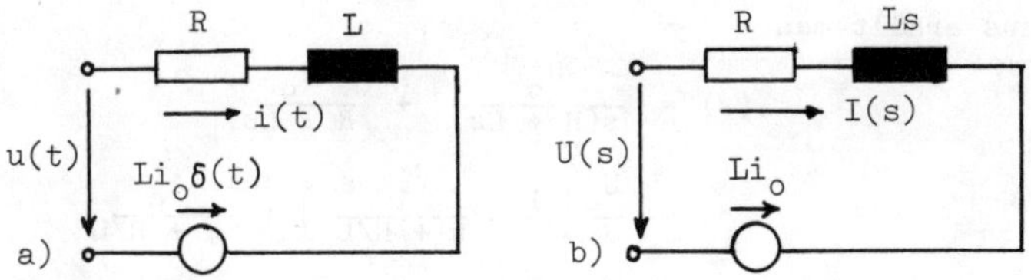

Bild 4.48 a) Originalstromkreis b) Bildstromkreis

Um den Einfluß des Anfangstroms i_o zu erkennen, gehen wir von der Spannungsgleichung des Zeitbereichs

$$R.i(t) + L.Di(t) = u(t)$$

aus. Diese geht durch Laplace-Transformation unter Beachtung des Anfangsstroms über in

$$R.I(s) + L\left[sI(s) - i_o\right] = U(s)$$

bzw.

$$\left[R + Ls\right]I(s) = U(s) + L.i_o \qquad (4.77)$$

An Gl. (4.77) erkennt man, daß im Bildbereich wie bisher gerechnet werden kann, wenn der Anfangsstrom i_o durch eine zusätzliche Erregung $L.i_o$ berücksichtigt wird.
Im Zeitbereich entspricht dies einem zusätzlichen Spannungsstoß $L.i_o\,\delta(t)$.
Dadurch wir die gesamte Vergangenheit des Stromkreises von $t = -\infty$ bis $t = -0$ berücksichtigt.

Beispiel 4.90: An den Stromkreis von Bild 4.48 wird zur Zeit $t = 0$ die Spannung $u(t) = U_o\,\varepsilon(t)$ angelegt. Der Anfangsstrom sei $i(-0) = i_o$.

Gl. (4.77) liefert

$$\left[R + Ls\right] I(s) = \frac{U_o}{s} + L.i_o$$

Daraus erhält man

$$I(s) = \frac{U_o}{s(R + Ls)} + \frac{Li_o}{R + Ls}$$

$$= \frac{U_o}{R}\left[\frac{1}{s} - \frac{1}{s + R/L}\right] + \frac{i_o}{s + R/L}$$

und im Zeitbereich den Strom

$$i(t) = \frac{U_o}{R}\left[1 - e^{-\frac{R}{L}t}\right] + i_o e^{-\frac{R}{L}t}$$

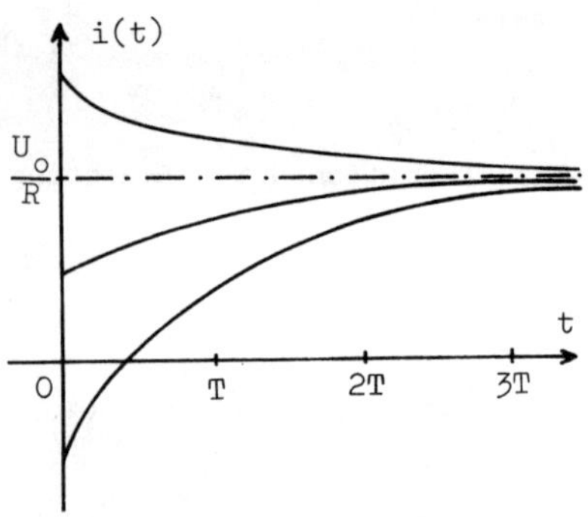

Bild 4.49 Stromverlauf mit T = R/L

Da sich in diesem Beispiel der Strom wegen der Induktivität nicht sprunghaft ändern kann, liefert die Rechnung erwartungsgemäß auch $i(+0) = i_o$.
In Bild 4.49 ist der Strom für verschiedene Anfangsströme i_o dargestellt.

2. Kapazität mit einer Anfangsspannung $u_C(-0) = U_o$

An den Stromkreis von Bild 4.50 wird zum Zeitpunkt $t = 0$ eine Spannung $u(t)$ angelegt. Die Kapazität C hat eine Anfangsspannung $u_C(-0) = U_o$.

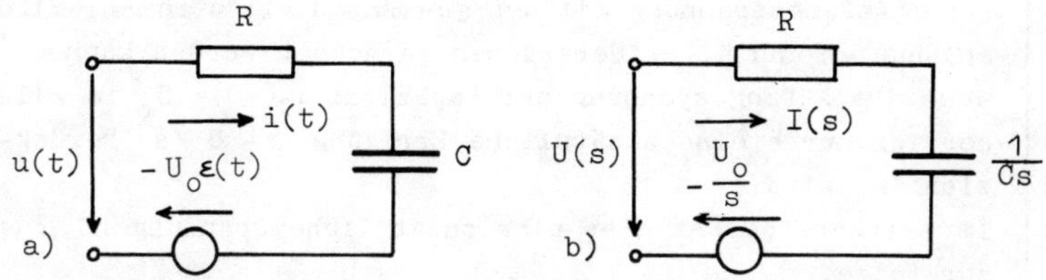

Bild 4.50 a) Originalstromkreis b) Bildstromkreis

Die Spannungsgleichung des Zeitbereichs

$$R.i(t) + \frac{1}{C}\int_{-\infty}^{t} i(\tau)d\tau = u(t)$$

bzw.

$$R.i(t) + \frac{1}{C}\int_{-\infty}^{-0} i(\tau)d\tau + \frac{1}{C}\int_{-0}^{t} i(\tau)d\tau = u(t)$$

enthält im Integral $\frac{1}{C}\int_{-\infty}^{-0} i(\tau)d\tau = u_C(-0) = U_o$ die gesamte Vergangenheit des Stromkreises.

Im Bildbereich erhalten wir durch Laplace-Transformation die Gleichung

$$R.I(s) + \frac{U_o}{s} + \frac{1}{Cs}I(s) = U(s)$$

oder

$$(R + \frac{1}{Cs})I(s) = U(s) - \frac{U_o}{s} \qquad (4.78)$$

Gl. (4.78) zeigt, daß auch im Falle einer Kapazität mit einer Anfangsspannung mit den gewohnten Bildströmen, Bildspannungen und Bildwiderständen gerechnet werden kann, wenn die Anfangsspannung der Kapazität $u_C(-0) = U_o$ im Bildbereich durch eine zusätzliche Erregung $-U_o/s$ berücksichtigt wird.
Im Zeitbereich hat dies eine zusätzliche Spannung $U_o \cdot \varepsilon(t)$ zur Folge.

Satz 4.34:

Der Zustand eines Netzwerks zum Zeitpunkt t = 0 ist durch die Ströme in den Induktivitäten und den Spannungen an den Kapazitäten eindeutig bestimmt. Kennt man diese Anfangswerte und die vom Zeitpunkt t = 0 ab wirksamen Erregungen, so ist das Verhalten des Netzwerks für alle Zeitpunkte $t \geq 0$ berechenbar.

Beispiel 4.91: An den Stromkreis von Bild 4.50 wird zur Zeit t = 0 eine Gleichspannung $u(t) = U\,\varepsilon(t)$ angelegt. Die Anfangsspannung sei U_o. Man berechne den Strom i(t).

Gl. (4.78) ergibt mit U(s) = U/s nach dem Bildstrom aufgelöst

$$I(s) = \frac{(U - U_o)/s}{R + 1/Cs} = \frac{U - U_o}{R} \frac{1}{s + 1/RC}$$

Im Zeitbereich erhält man damit den Strom

$$i(t) = \frac{U - U_o}{R} e^{-\frac{1}{RC} t}$$

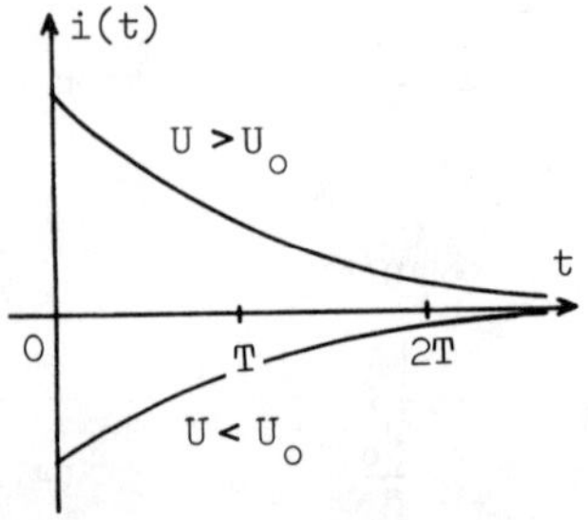

Bild 4.51 Stromverlauf mit T = 1/RC

Übungsaufgaben zum Abschnitt 4.4.3 (Lösungen im Anhang)

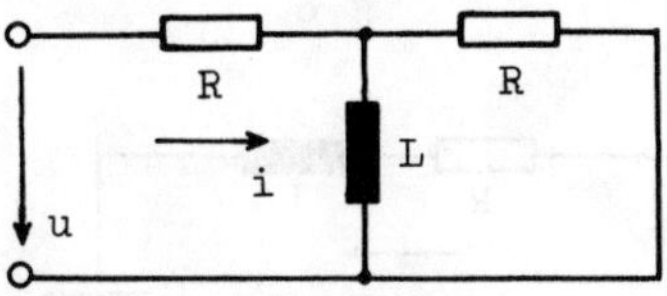

Beispiel 4.92: Man berechne den Strom i(t), wenn an die Schaltung von Bild 4.52 die Spannung $u(t) = U_o \varepsilon(t)$ angelegt wird.

Bild 4.52 Stromkreis

Beispiel 4.93: Man berechne den Spannungsverlauf $u_R(t)$ am Wirkwiderstand R der Schaltung von Bild 4.53 a für die Eingansspannung u(t) = k.t von Bild 4.53 b.

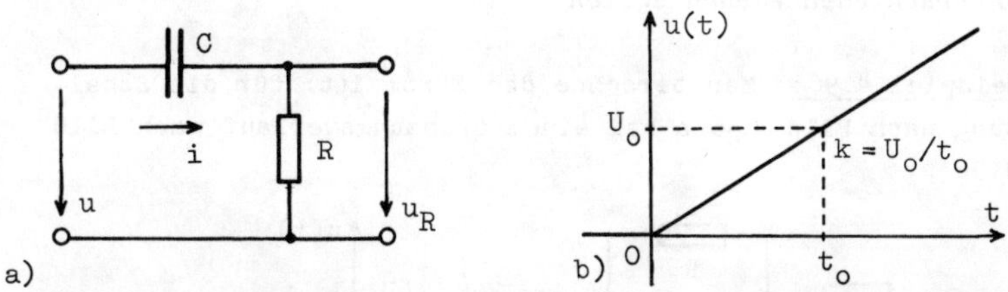

Bild 4.53 Schaltung (a) und Spannungsverlauf (b) von Beispiel 4.93

Beispiel 4.94: Man berechne für das Netzwerk von Bild 4.54 a den Maschenstrom $i_2(t)$, wenn die Spannung u(t) ein Rechteckimpuls der Höhe U_o und der Dauer τ nach Bild 4.54 b ist.

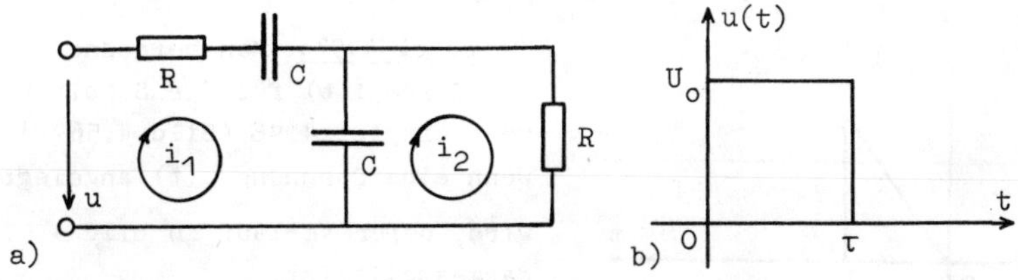

Bild 4.54 Schaltung (a) und Spannungsverlauf (b) von Beispiel 4.94

Beispiel 4.95: Gegeben ist der Serienschwingkreis von Bild 4.55. Man berechne für die Spannung $u(t) = U_0 \varepsilon(t)$ den Strom i(t), wobei die drei Fälle

a) $\left(\frac{R}{2L}\right)^2 > 1/(LC)$
(aperiodischer Fall)

b) $\left(\frac{R}{2L}\right)^2 = 1/(LC)$
(aperiodischer Grenzfall)

c) $\left(\frac{R}{2L}\right)^2 < 1/(LC)$
(periodischer Fall)

unterschieden werden sollen.

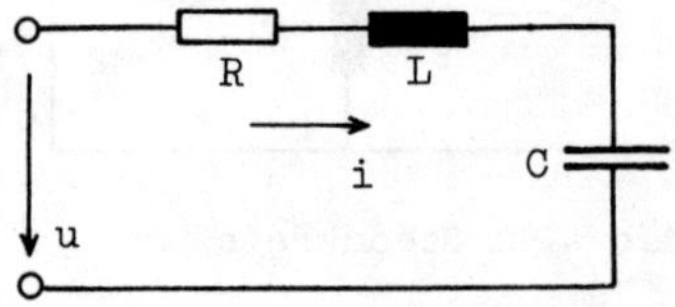

Bild 4.55 Serienschwingkreis

Beispiel 4.96: Man berechne den Strom i(t) für die Schaltung nach Bild 4.56 a bei einem Spannungsverlauf nach Bild 4.56 b.

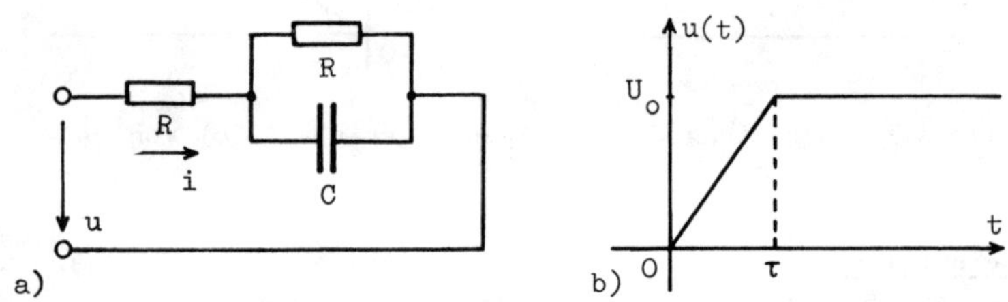

Bild 4.56 Schaltung (a) und Spannungsverlauf u(t) (b)

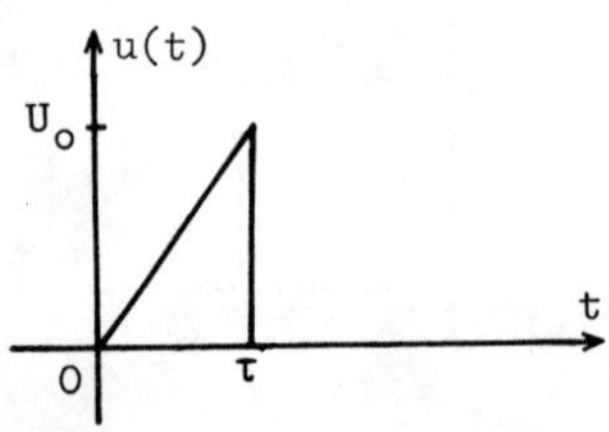

Bild 4.57 Spannung u(t)

Beispiel 4.97: Man berechne den Strom i(t) für die Schaltung von Beispiel 4.96 (Bild 4.56 a), wenn eine Spannung u(t) angelegt wird, deren Verlauf in Bild 4.57 dargestellt ist.

4.4.4 Übertragungsverhalten von Netzwerken

In diesem Abschnitt soll der Zusammenhang zwischen dem Eingangssignal x(t) und dem Ausgangssignal y(t) eines Übertragungsglieds betrachtet werden.

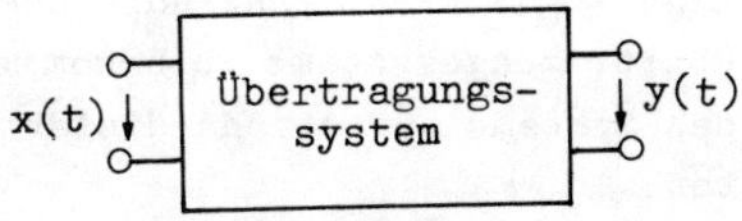

Bild 4.58 Übertragungsglied

Eingangssignal, Erregung $x(t)$	$\longrightarrow$	Ausgangssignal, Systemantwort $y(t) = S\left\{x(t)\right\}$

Mit der symbolischen Schreibweise $y(t) = S\left\{x(t)\right\}$ soll ausgedrückt werden, daß y(t) die Systemantwort auf das Eingangssignal x(t) ist.

Wir wollen uns im folgenden auf lineare, zeitinvariante Systeme beschränken.

Definition 4.8:

Ein Übertragungssystem heißt linear, wenn

$$S\left\{k_1x_1(t) + k_2x_2(t)\right\} = k_1S\left\{x_1(t)\right\} + k_2S\left\{x_2(t)\right\} \qquad (4.79)$$

gilt.

Die Systemantwort einer Linearkombination von Eingangssignalen ist die analoge Linearkombination der Systemantworten der einzelnen Eingangssignale.

Definition 4.9:

Ein System heißt zeitinvariant, wenn aus

$$S\left\{x(t)\right\} = y(t) \quad \text{folgt} \quad S\left\{x(t - t_o)\right\} = y(t - t_o) \qquad (4.80)$$

Die Art der Reaktion eines zeitinvarianten Systems ist unabhängig vom Zeitpunkt des Eintreffens des Eingangssignals.

Eine Möglichkeit, Auskunft über das zeitliche Verhalten eines Übertragungssystems zu bekommen, besteht darin, die Antworten des Systems auf standardisierte Eingangssignale zu beobachten.
Die Sprungfunktion $\varepsilon(t)$ und die Impulsfunktion $\delta(t)$ sind die wichtigsten Testfunktionen dieser Art.
Sie stellen idealisierte Erregungen dar. Dabei kann insbesondere die Impulsfunktion $\delta(t)$ technisch nur näherungsweise realisiert werden.

Die Antworten eines Übertragungssystems auf diese Eingangssignale werden wir im folgenden näher betrachten. Dabei gelten folgende Festlegungen.

a) Impulsantwort eines Systems

Definition 4.10:

> Unter der Impulsantwort g(t) eines Übertagungssystems versteht man das Ausgangssignal bei einem impulsförmigen Eingangssignal $x(t) = \delta(t)$.

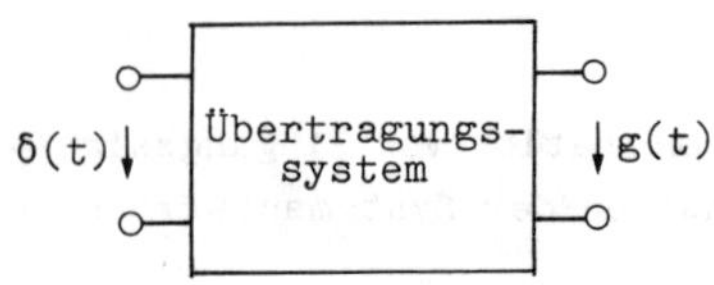

Bild 4.59 Impulsantwort

Die Impulsantwort g(t) wird auch als Gewichtsfunktion bezeichnet.
Die Impulsantwort hat eine große praktische Bedeutung. Wir werden später zeigen, daß für jedes Eingangssignal x(t) das zugehörige Ausgangssignal y(t) berechnet werden kann, wenn die Impulsantwort g(t) des Übertragungsglieds bekannt ist.

b) Sprungantwort eines Systems

Definition 4.11:

Unter der Sprungantwort (Übergangsfunktion) $h(t)$ eines Übertragungssystems versteht man das Ausgangssignal bei einem sprungförmigen Eingangssignal $x(t) = \varepsilon(t)$.

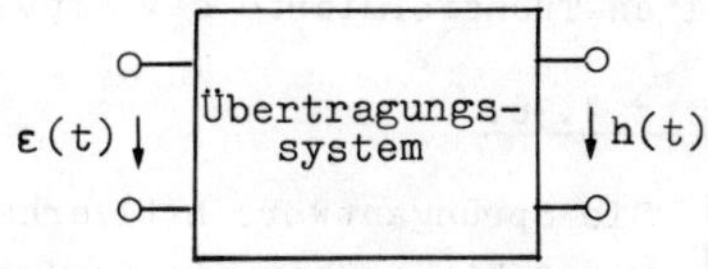

Bild 4.60 Sprungantwort h(t)

c) Übertragungsfunktion eines Systems

Das Ausgangssignal $y(t)$ eines linearen zeitinvarianten Übertragungssystems ist bei dem vorgegebenen Eingangssignal $x(t)$ durch das Übertragungsglied (Netzwerk) eindeutig bestimmt. Es ist daher auch die Laplace-Transformierte $Y(s)$ des Ausgangssignals durch die Laplace-Transformierte $X(s)$ des Eingangssignals und das Übertragungsglied eindeutig festgelegt.

Definition 4.12:

Unter der Übertragungsfunktion $G(s)$ eines Übertragungssystems versteht man das Verhältnis der Laplace-Transformierten des Ausgangssignals zu der Laplace-Transformierten des Eingangssignals.

$$G(s) = \frac{Y(s)}{X(s)} \qquad (4.81)$$

Satz 4.35:

Die Übertragungsfunktion $G(s)$ ist die Laplace-Transformierte der Impulsantwort $g(t)$.

$$G(s) = L\left\{g(t)\right\} \qquad (4.82)$$

Beweis: Mit $x(t) = \delta(t)$, d.h. $X(s) = 1$ folgt aus Gl. (4.81) $G(s) = Y(s)$. Die Übertragungsfunktion G(s) ist also die Laplace-Transformierte der Impulsantort (Gewichtsfunktion) g(t).

Satz 4.36:

Die Sprungantwort h(t) erhält man durch eine Integration von 0 bis t über die Gewichtsfunktion g(t).

$$h(t) = \int_0^t g(\tau)d\tau \tag{4.83}$$

Beweis: Die Sprungantwort ist das Ausgangssignal y(t) bei einem Eingangssignal $x(t) = \varepsilon(t)$ ○—● $X(s) = 1/s$.
Mit Gl. (4.81) folgt

$$Y(s) = X(s).G(s) = \frac{1}{s} G(s)$$

Der Faltungssatz liefert schließlich

$$y(t) = h(t) = \varepsilon(t)*g(t) = \int_0^t \varepsilon(t-\tau)g(\tau)d\tau$$

Mit $\varepsilon(t - \tau) = 1$ im Inneren das Integrationsintervalls erhält man damit die Aussage von Gl. (4.83).

Bemerkung: Die Folgerung aus Gl.(4.83), die Impulsantwort als Ableitung der Sprungantwort zu berechnen, ist nur dann allgemein richtig, wenn die verallgemeinerte Ableitung verwendet wird.

Satz 4.37:

Das Ausgangssignal y(t) eines linearen zeitinvarianten Übertragungssystems erhält man durch Faltung des Eingangssignals x(t) mit der Gewichtsfunktion g(t).

$$y(t) = x(t)*g(t) = \int_0^t g(\tau)x(t-\tau)d\tau \tag{4.84}$$

<u>Beweis:</u> Aus der Definitionsgleichung der Übertragungsfunktion $G(s) = Y(s)/X(s)$ folgt $Y(s) = G(s).X(s)$.
Mit dem Faltungssatz (Abschn. 4.3.8) erhält man sofort die Behauptung des Satzes 4.37.

Das Faltungsintegral von Gl.(4.84) ist auch unter dem Namen <u>Duhamel'sches Integral</u> bekannt. Es beschreibt den Zusammenhang zwischen der Ursache $x(t)$ und der Wirkung $y(t)$ eines Übertragungssystems. Dabei ergibt sich die Wirkung $y(t)$ als Faltung der Ursache $x(t)$ mit der Gewichtsfunktion $g(t)$.

Gl.(4.84) zeigt auch, daß zu einem vorgegebenen Eingangssignal $x(t)$ stets das Ausgangssignal $y(t)$ berechnet werden kann, wenn nur die Gewichtsfunktion $g(t)$ des Übetragungssystems bekannt ist. Die Auswertung des Faltungsintegrals kann notfalls mit numerischen Näherungsmethoden erfolgen.
Bei den Anwendungen ist das Eingangssignal $x(t)$ häufig eine Eingangsspannung $u_e(t)$ und das Ausgangssignal $y(t)$ die zugehörige Ausgangsspannung $u_a(t)$.

Für die Übertragungsfunktion gilt damit

$$G(s) = U_a(s)/U_e(s) \tag{4.85}$$

Es gilt dann

$$U_a(s) = G(s).U_e(s) \tag{4.86}$$

Eingangs- und Ausgangssignal müssen nicht immer Größen der gleichen Art (z.B. Spannungen) sein. In der Regelungstechnik können hier die verschiedenartigsten Dimensionen auftreten.

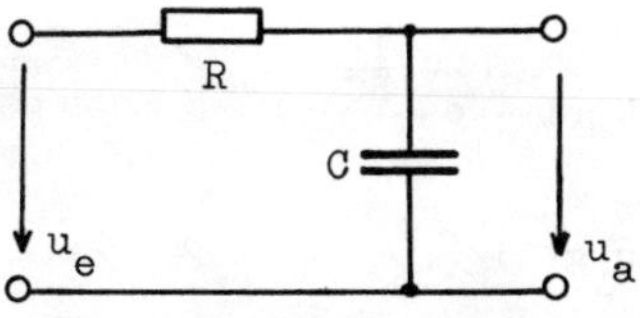

Bild 4.61 RC-Glied

<u>Beispiel 4.98:</u> Man berechne die Übertragungsfunktion, die Übergangsfunktion $h(t)$ und die Impulsantwort $g(t)$ des RC-Glieds in Bild 4.61.

a) Übertragungsfunktion $G(s)$:

Als Eingangssignal $x(t)$ haben wir hier eine Eingangsspannung

$$u_e(t) \circ\!\!-\!\!\bullet U_e(s) = (R + 1/Cs).I(s)$$

und als Ausgangssignal $y(t)$ die Ausgangsspannung

$$u_a(t) \circ\!\!-\!\!\bullet U_a(s) = (1/Cs).I(s).$$

Mit $G(s) = Y(s)/X(s) = U_a(s)/U_e(s)$ erhalten wir für die Übertragungsfunktion

$$G(s) = \frac{(1/Cs).I(s)}{(R + 1/Cs).I(s)} = \frac{1}{RCs + 1}$$

b) Übergangsfunktion $h(t)$:

Als Eingangssignal $x(t)$ haben wir die Eingangsspannung

$$u_e(t) = U_o\,\varepsilon(t) \circ\!\!-\!\!\bullet U_e(s) = U_o/s.$$

Das zugehörige Ausgangssignal $y(t)$ ist die Sprungantwort oder Übergangsfunktion $h(t)$.

$$U_a(s) = G(s).U_e(s) = \frac{1}{RCs + 1}\,\frac{U_o}{s} = \frac{U_o/RC}{s(s + 1/RC)}$$

Durch Partialbruchzerlegung erhält man

$$U_a(s) = U_o\left(\frac{1}{s} - \frac{1}{s + 1/RC}\right)$$

und durch inverse Laplace-Transformation schließlich

$$u_a(t) = h(t) = U_o\left(1 - e^{-\frac{1}{RC}t}\right)$$

c) Impulsantwort, Gewichtsfunktion $g(t)$

Nach Satz 4.35 ist die Übertragungsfunktion $G(s)$ die Laplace-Transformierte der Impulsantwort $g(t)$.

$$G(s) = \frac{1}{RCs + 1} = \frac{1}{RC} \frac{1}{s + 1/RC} \;\bullet\!\!-\!\!\circ\; g(t) = \frac{1}{RC} e^{-\frac{1}{RC}t}$$

Bild 4.62 zeigt den Verlauf der Sprungantwort h(t) und der Impulsantwort g(t) von Beispiel 4.98.

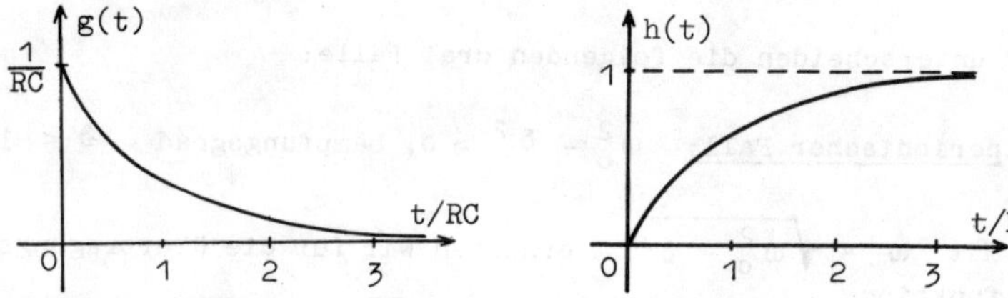

Bild 4.62 a) Impulsantwort g(t) b) Sprungantwort h(t)

<u>Beispiel 4.99:</u> Es sollen die Übertragungsfunktion G(s) und die Impulsantwort g(t) des in Bild 4.63 dargestellten Schwingkreises berechnet werden.

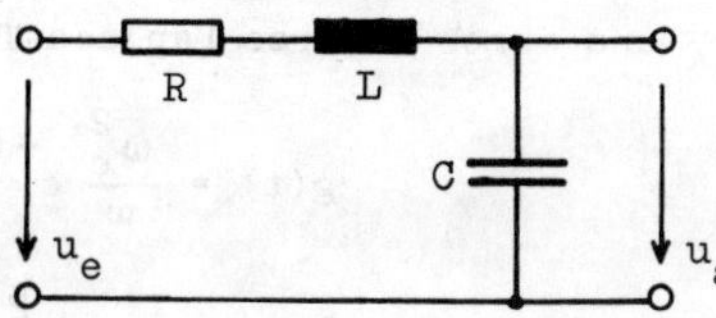

Bild 4.63 Schwingkreis

a) Übertragungsfunktion G(s)

$$G(s) = U_a(s)/U_e(s) = \frac{(1/Cs).I(s)}{(R + Ls + 1/Cs).I(s)} =$$

$$= \frac{1}{LCs^2 + RCs + 1}$$

b) Impulsantwort g(t)

Die Impulsantwort g(t) erhält man durch inverse Laplace-Transformation aus der Übertragungsfunktion G(s). Für die Partialbruchzerlegung der echt gebrochen rationalen Bildfunktion G(s) wollen wir diese zuerst noch umformen.

Mit der Kennkreisfrequenz $\omega_o = 1/\sqrt{LC}$ und der Abklingkonstanten $\delta = R/(2L)$ folgt

$$G(s) = \frac{\omega_o^2}{s^2 + 2\delta s + \omega_o^2} = \frac{\omega_o^2}{(s+\delta)^2 + (\omega_o^2 - \delta^2)}$$

Wir unterscheiden die folgenden drei Fälle:

1. <u>periodischer Fall:</u> $\omega_o^2 - \delta^2 > 0$, Dämpfungsgrad $\vartheta < 1$

Mit $\omega = \sqrt{\omega_o^2 - \delta^2}$ erhalten wir für die Übertragungsfunktion

$$G(s) = \frac{\omega_o^2}{(s+\delta)^2 + \omega^2}$$

und durch inverse Laplace-Transformation die Impulsantwort

$$g(t) = \frac{\omega_o^2}{\omega} e^{-\delta t} \sin(\omega t).$$

2. <u>aperiodischer Grenzfall:</u> $\omega_o^2 - \delta^2 = 0$, Dämpfungsgrad $\vartheta = 1$

$$G(s) = \frac{\omega_o^2}{(s+\delta)^2} \quad \bullet\!\!-\!\!\circ \quad g(t) = \omega_o^2 t e^{-\delta t}$$

3. <u>aperiodischer Fall:</u> $\omega_o^2 - \delta^2 < 0$, Dämpfungsgrad $\vartheta > 1$

Nun sei $\omega = \sqrt{\delta^2 - \omega_o^2}$. Damit erhalten wir für die Überfunktion

$$G(s) = \frac{\omega_o^2}{(s+\delta)^2 - \omega^2}$$

und durch inverse Laplace-Transformation die Impulsantwort

$$g(t) = \frac{\omega_o^2}{\omega} e^{-\delta t} \sinh(\omega t).$$

Bild 4.64 zeigt den Verlauf der Gewichtsfunktionen g(t) für verschiedene Dämpfungsgrade ϑ .

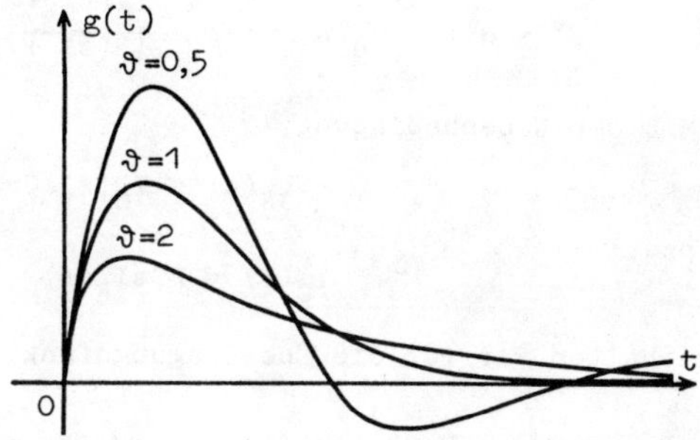

Bild 4.64 Gewichtsfunktionen

Beispiel 4.100: Für die im Bild 4.65 a, b dargestellten Übertragungsglieder sollen die Übertragungsfunktionen

$$G(s) = U_a(s)/U_e(s)$$

bestimmt werden.

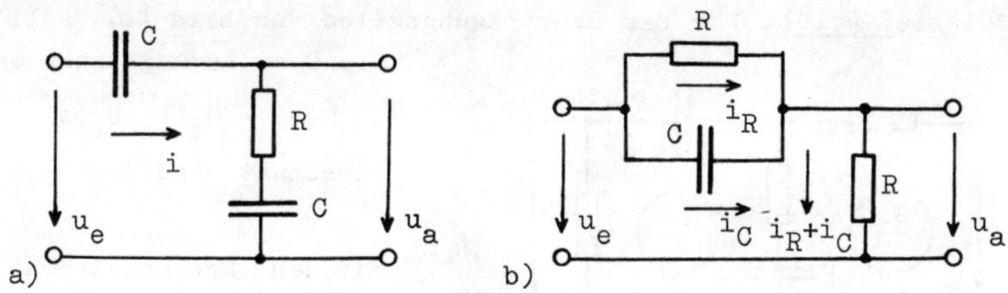

Bild 4.65 Übertragungsglieder zu Beispiel 4.100

Für das in Bild 4.65 a dargestellte Übertragungsglied gelten im Bildbereich die Gleichungen

$$U_e(s) = \left[R + 2/Cs \right] I(s)$$
$$U_a(s) = \left[R + 1/Cs \right] I(s)$$

Für die Übertragungsfunktion folgt hieraus

$$G(s) = U_a(s)/U_e(s) = \frac{[R + 1/Cs]\, I(s)}{[R + 2/Cs]\, I(s)} = \frac{RCs + 1}{RCs + 2}$$

Das Übertragungsglied in Bild 4.65 b hat die Übertragungsfunktion

$$G(s) = U_a(s)/U_e(s) = \frac{R\left[\,I_R(s) + I_C(s)\right]}{R\left[\,2I_R(s) + I_C(s)\right]}$$

Mit der Nebenbedingung

$$R.I_R(s) = I_C(s)/Cs$$

bzw.

$$I_C(s) = RCsI_R(s)$$

erhalten wir für die Übertragungsfunktion

$$G(s) = (RCs + 1)/(RCs + 2)$$

Die beiden hier bertachteten Übertragungsglieder haben also die gleiche Übertragungsfunktion G(s). Sie stimmen daher in ihrem Übertragungsverhalten überein.

<u>Beispiel 4.101:</u> Für das Übertragungsglied von Bild 4.66 soll die Übertragungsfunktion

$$G(s) = U_a(s)/U_e(s)$$

berechnet werden.

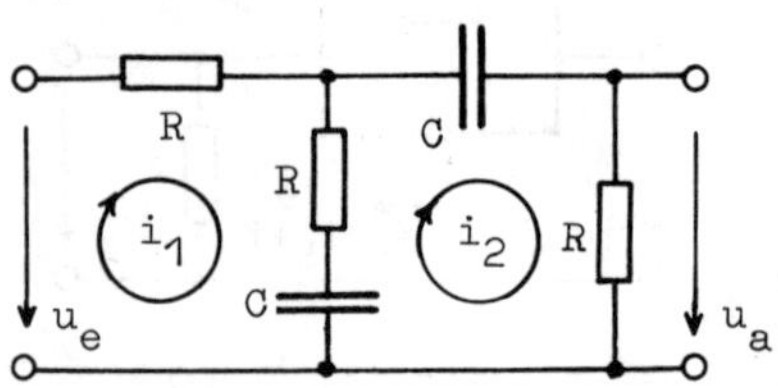

Bild 4.66 Übertragungsglied

Mit den Maschenströmen $i_1(t)$ und $i_2(t)$ ergeben sich im Bildbereich die beiden Gleichungen

$$(2R + 1/Cs)\,I_1(s) - (R + 1/Cs)\,I_2(s) = U_e(s)$$
$$-(R + 1/Cs)\,I_1(s) + (2R + 2/Cs)\,I_2(s) = 0$$

Da wir zur Berechnung von $U_a(s) = R.I_2(s)$ den Bildstrom $I_2(s)$ benötigen, lösen wir die Gleichungen nach $I_2(s)$ auf und erhalten mit der Cramer'schen Regel

$$I_2(s) = \frac{\begin{vmatrix} 2R + 1/Cs & U_e(s) \\ -(R + 1/Cs) & 0 \end{vmatrix}}{\begin{vmatrix} 2R + 1/Cs & -(R + 1/Cs) \\ -(R + 1/Cs) & 2R + 2/Cs \end{vmatrix}} = \frac{Cs}{3RCS + 1} U_e(s)$$

Die Laplace-Transformierte der Ausgangsspannung lautet damit

$$U_a(s) = R.I_2(s) = \frac{RCs}{3RCs + 1} U_e(s)$$

Für die gesuchte Übertragungsfunktion folgt daraus

$$G(s) = U_a(s)/U_e(s) = \frac{RCs}{3RCs + 1} = \frac{s}{3(s + 1/3RC)}$$

d) Pol-Nullstellenplan einer Übertragungsfunktion

Satz 4.38:

> Die Polstellen s_i $(i = 1,2,\ldots,m)$ der Übertragungsfunktion $G(s)$ eines RCL-Netzwerks liegen im Inneren der linken Halbebene, d.h., es gilt $\operatorname{Re} s_i < 0$ für alle i.

Beweis:

Ein RCL-Netzwerk ist ein passives Netzwerk, es antwortet auf ein impulsförmiges Eingangssignal mit einem zeitlich abklingenden Ausgangssignal. Die Impulsantwort g(t) ist daher ebenfalls eine abklingende Zeitfunktion. Ihre Laplace-Transformierte, die Übertragungsfunktion G(s), hat daher, wie wir im Abschnitt 4.3.7 gesehen haben, nur Pole, deren Realteile negativ sind.

Die Lage der Pole eines pasiven Netzwerks spielt für weitere Überlegungen eine wichtige Rolle.

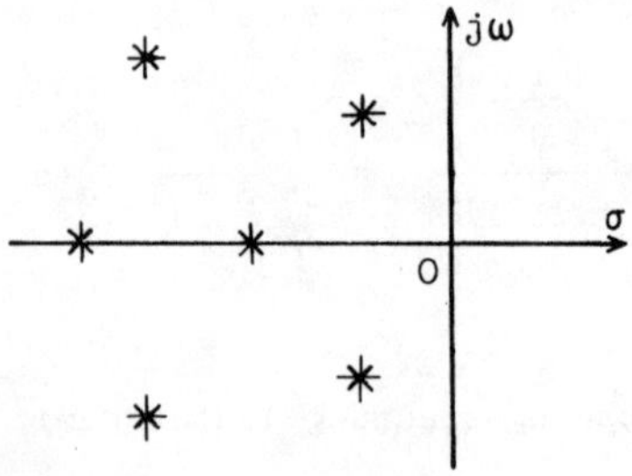

Bild 4.67 Polstellenplan einer Übertragungsfunktion

Wir wissen, daß aus der Lage der Pole einer Bildfunktion wichtige Rückschlüsse auf den Verlauf der zugehörigen Zeitfunktion gezogen werden können.

Der durch ein impulsförmiges Eingangssignal verursachte Ausgleichsvorgang klingt dabei schneller ab, wenn die Pole weiter links im Polstellenplan liegen. Einem Paar konjugiert komplexer Pole mit einem negativen Realteil entspricht dabei im Zeitbereich eine gedämpfte Schwingung.

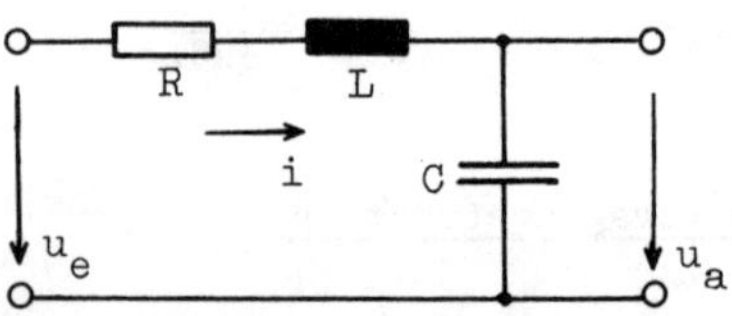

Bild 4.68 Übertragungsglied

Ergänzend dazu sei gezeigt, daß aus der Lage konjugiert komplexer Pole mit negativen Realteilen auch eine Aussage über den Dämpfungsgrad gemacht werden kann.

Betrachten wir das Übertragungsglied von Bild 4.68, das die Übertragungsfunktion

$$G(s) = \frac{1}{LCs^2 + RCs + 1} = \frac{\omega_o^2}{(s + \delta)^2 + \omega_o^2 - \delta^2}$$

hat, wobei $\omega_o = 1/\sqrt{LC}$ die Kennkreisfrequenz und $\delta = R/2L$ Abklingkonstante ist.

Im Falle schwacher Dämpfung, bei einem Dämpfungsgrad $\vartheta < 1$, hat die Übertragungsfunktion zwei konjugiert komplexe Pole

$$s_{1,2} = -\delta \pm j\sqrt{\omega_o^2 - \delta^2}$$

Im Polstellenplan liegen diese Pole symmetrisch zur reellen Achse und haben vom Koordinatennullpunkt die Entfernung

$$\overline{OP}_1 = \overline{OP}_2 = \sqrt{\delta^2 + (\omega_o^2 - \delta^2)}$$
$$= \omega_o$$

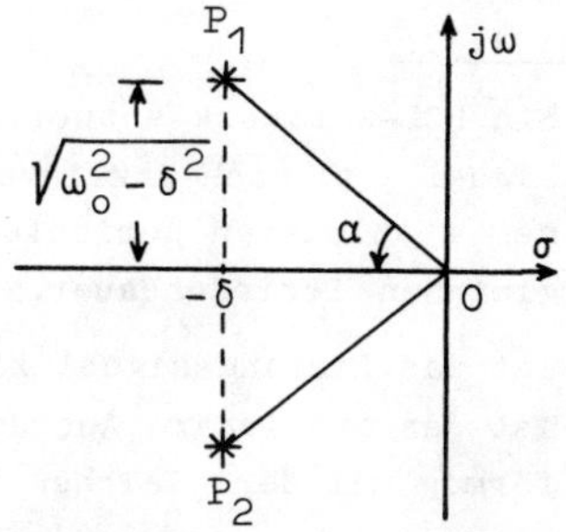

Bild 4.69 Polstellenplan

Mit dem in Bild 4.69 eingeführten Winkel α erhält man

$$\cos\alpha = \frac{\delta}{\omega_o} = \vartheta \tag{4.87}$$

Einem in der linken Halbebene gelegenen Paar von konjugiert komplexen Polstellen entspricht im Zeitbereich eine gedämpfte Schwingung mit einem Dämpfungsgrad ϑ, der gleich dem Kosinus des Winkels ist, den die Verbindungslinie einer Polstelle mit dem Ursprung einerseits und der negativen reellen Achse andererseits miteinander einschließen.

e) <u>Übertragungsfunktion und Frequenzgang</u>

Die Systemantworten,

Impulsantwort $g(t) = S\{\delta(t)\}$ und
Sprungantwort $h(t) = S\{\varepsilon(t)\}$,

sind wichtige Kenngrößen eines Übertragungssystems.

Wir wollen nun untersuchen, wie ein RCL-Netzwerk auf ein periodisches Eingangssignal antwortet. Dabei interessiert insbesondere die Antwort des Systems auf ein sinusförmiges Eingangssignal.

Satz 4.39:

Ein RCL-Netzwerk antwortet auf ein periodisches Eingangssignal x(t) nach Abklingen des Einschwingvorganges mit einem stationären periodischen Ausgangssignal $y_{st.}(t)$ der gleichen Periodendauer.

Ist das Eingangssignal x(t) im Sonderfall sinusförmig, so ist das stationäre Ausgangssignal $y_{st.}(t)$ ebenfalls sinusförmig mit der gleichen Frequenz wie das Eingangssignal.

Beweis:

Ein T-periodisches Eingangssignal x(t) hat, wie im Abschnitt 4.3.3 gezeigt wurde, eine Laplace-Transformierte

$$X(s) = \frac{X_o(s)}{1 - e^{-sT}} .$$

Hierbei ist $X_o(s)$ die Laplace-Transformierte einer nur im Zeitintervall von 0 bis T von Null verschiedenen Zeitfunktion, deren periodische Fortsetzung x(t) ergibt.

Für die Laplace-Transformierte des Ausgangssignals erhalten wir mit der Übertragungsfunktion G(s)

$$Y(s) = G(s) \frac{X_o(s)}{1 - e^{-sT}}$$

Wir wollen uns nun die Lage der Pole von Y(s), der Laplace-Transformierten des Ausgangssignals, betrachten.
Der erste Faktor G(s) hat nach Satz 4.38 nur Pole, die links von der imaginären Achse liegen. Der zweite Faktor, nämlich $X_o(s)/(1 - e^{-sT})$, hat abgesehen von den Polen von $X_o(s)$, die nicht in der rechten Halbebene liegen, falls $x_o(t)$ beschränkt ist, was angenommen werden kann, noch die Pole, die durch die Gleichung

$$1 - e^{-sT} = 0$$

bestimmt sind.

Die Lösungen der Gleichung $e^{-sT} = 1 = e^{\pm k2\pi j}$ sind

$s = \pm j2\pi k/T = \pm jk\omega_o$

(k = 0,1,2,...)

Hierbei ist ω_o die Kreisfrequenz des periodischen Eingangssignals x(t). Neben den Polen der Übertragungsfunktion G(s) und der Laplace-Transformierten $X_o(s)$, die im Inneren der linken Halbebene liegen, gibt es noch die Polstellenpaare

$s = \pm jk\cdot\omega_o$

auf der imaginären Achse.

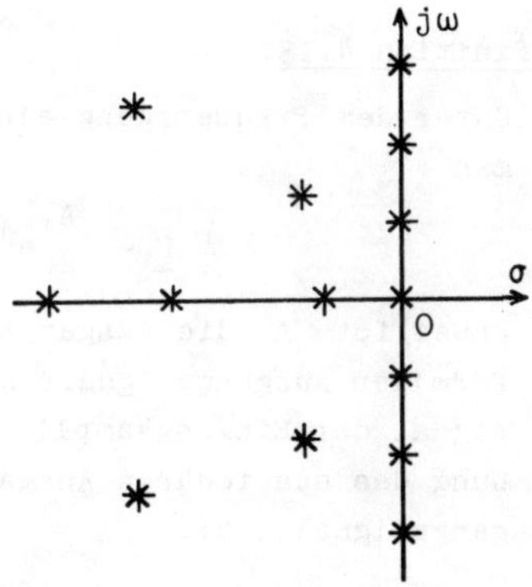

Bild 4.70 Lage der Polstellen von Y(s)

Den Polen in der linken Halbebene entsprechen im Zeitbereich abklingende (flüchtige) Anteile. Da nun jedem Polstellenpaar $s = \pm jk\omega_o$ im Zeitbereich eine stationäre harmonische Schwingung der Kreisfrequenz $k\omega_o$ entspricht, stellt die Summe dieser harmonischen Schwingungen, ihre Konvergenz vorausgesetzt, die Fourierreihe eines periodischen stationären Ausgamgssignals $y_{st.}(t)$ der Grundkreisfrequenz ω_o dar.

Ist im Sonderfall das Eingangssignal sinusförmig, d.h.

$$x(t) = E.\sin(\omega t) \quad ○\!\!-\!\!\bullet \quad X(s) = \frac{E\omega}{s^2 + \omega^2},$$

so ist

$$Y(s) = G(s)\frac{E\omega}{s^2 + \omega^2}$$

Da wir jetzt nur ein Polstellenpaar $s = \pm j\omega$ auf der imaginären Achse haben, ist das Ausgangssignal nach dem Abklingen der flüchtigen Anteile ebenfalls sinusförmig, eine Tatsache, von der Wechselstromlehre ständig Gebrauch gemacht wird.

Definition 4.13:

Unter dem Frequenzgang eines Übertragungsglieds versteht man

$$\underline{F} = \frac{A}{E} e^{j\varphi} \tag{4.88}$$

Dabei ist A die Ausgangsamplitude des stationären sinusförmigen Ausgangssignals bei einem sinusförmigen Eingangssignal der Eingangsamplitude E und φ die Phasenverschiebung des stationären Ausgangssignals $y_{st}(t)$ gegen das Eingangssignal $x(t)$.

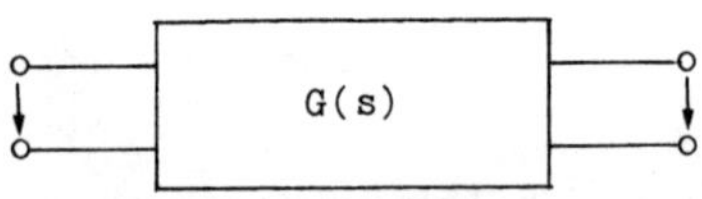

$x(t) = E.\sin(\omega t)$ $\qquad$ $y_{st}(t) = A.\sin(\omega t + \varphi)$

Der Frequenzgang ist i. allg. ein komplexer Zeiger, der die Amplitudenvergrößerung und die Phasenverschiebung des sinusförmigen Ausgangssignals im eingeschwungenen Zustand gegenüber dem sinusförmigen Eingangssignal angibt.
Neben der Impulsantwort $g(t)$ und der Sprungantwort $h(t)$ ist der Frequenzgang $\underline{F}$ eine wichtige Kenngröße eines Übertragungsgliedes.

Satz 4.40:

Ist $G(s)$ die Übertragungsfunktion eines Übertragungsgliedes, so gilt für den Frequenzgang

$$\underline{F} = G(j\omega) \tag{4.89}$$

Beweis: Zur Vereinfachung sei als Eingangssignal die komplexe Schwingung

$$x(t) = E.e^{j\omega t} \circ\!\!-\!\!\bullet X(s) = \frac{E}{s - j\omega}$$

verwendet. Mit der reellen Schwingung

$$x(t) = E.\sin(\omega t) = E\,\frac{(e^{j\omega t} - e^{-j\omega t})}{2j}$$

verläuft der Beweis analog.

Mit $x(t) = E.e^{j\omega t}$ erhält man als stationäres Ausgangssignal

$$y_{st}(t) = A.e^{j(\omega t + \varphi)} \circ\!\!-\!\!\bullet Y_{st}(s) = \frac{A.e^{j\varphi}}{s - j\omega}$$

Da sich das Ausgangsignal y(t) aus einem stationären und einem flüchtigen (zeitlich abklingenden) Anteil zusammensetzt, gilt

$$Y(s) = Y_{st}(s) + Y_{fl}(s) = \frac{A.e^{j\varphi}}{s - j\omega} + Y_{fl}(s)$$

Andererseits folgt mit der Definition der Übertragungsfunktion

$$Y(s) = G(s).X(s) = G(s)\,\frac{E}{s - j\omega}$$

Daraus ergibt sich

$$G(s)\,\frac{E}{s - j\omega} = \frac{A.e^{j\varphi}}{s - j\omega} + Y_{fl}(s)$$

bzw.

$$G(s) = \frac{A}{E}\,e^{j\varphi} + \frac{(s - j\omega)}{E}Y_{fl}(s)$$

Setzt man in die letzte Gleichung für s den Wert $s = j\omega$ ein, so folgt schließlich

$$G(j\omega) = A.e^{j\varphi}/E = \underline{F}$$

Wir wissen, daß die Übertragungsfunktion

$$G(s) = G(\sigma + j\omega)$$

die Laplace-Transformierte der Impulsantwort (Gewichtsfunktion) g(t) ist. Der Frequenzgang $G(j\omega)$ ist demnach die Fourier-Transformierte (Spektralfunktion) der Gewichtsfunktion g(t)

$$G(j\omega) = F\left\{g(t)\right\}$$

Wir haben im Abschnitt 2.2 festgestellt, daß der Realteil der Spektralfunktion einer reellwertigen Zeitfunkfunktion eine gerade, der Imaginärteil eine ungerade Funktion ist. Auf den Frequenzgang $G(j\omega)$ als Spektralfunktion der Gewichtsfunktion übertragen, bedeutet dies

$$\mathrm{Re}\, G(-j\omega) = \mathrm{Re}\, G(j\omega) \quad \text{und} \quad \mathrm{Im}\, G(-j\omega) = -\,\mathrm{Im}\, G(j\omega)$$

und

$$G(-j\omega) = \mathrm{Re}\, G(-j\omega) + \mathrm{Im}\, G(-j\omega) = \mathrm{Re}\, G(j\omega) - \mathrm{Im}\, G(j\omega)$$

$G(-j\omega)$ ist also die konjugiert komplexe Zahl zu $G(j\omega)$. Da das Produkt von konjugiert komplexen Zahlen das Quadrat ihres Betrages ergibt, folgt daraus die Aussage

$$\left|G(j\omega)\right| = \sqrt{G(j\omega).G(-j\omega)} \tag{4.90}$$

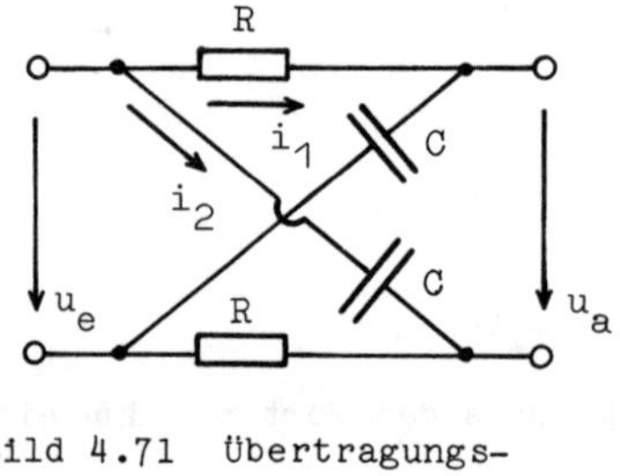

Bild 4.71 Übertragungsglied

Beispiel 4.102: Für das Übertragungsglied in Bild 4.71 sollen die Übertragungsfunktion G(s) und die Ortskurve des Frequenzgangs $\underline{F}$ bestimmt werden.
Wie man leicht erkennen kann, ist

$$i_1(t) = i_2(t) = i(t)$$

Im Bildraum ergeben sich somit die Spannungsgleichungen

$$\left[\;R + 1/Cs\right] I(s) = U_e(s)$$
$$\left[-R + 1/Cs\right] I(s) = U_a(s)$$

Aus diesen Gleichungen folgt für die Übertragungsfunktion

$$G(s) = U_a(s)/U_e(s) = \frac{-R + 1/Cs}{R + 1/Cs} = \frac{1 - RCs}{1 + RCs}$$

und für den Frequenzgang

$$\underline{F} = G(j\omega) = \frac{1 - jRC\omega}{1 + jRC\omega}$$

Gl.(4.90) liefert für den Betrag des Frequenzgangs

$$G(j\omega) = \sqrt{\frac{(1 - jRC\omega)(1 + jRC\omega)}{(1 + jRC\omega)(1 - jRC\omega)}} = 1$$

Der Betrag des Frequenzgangs ist 1. Die Amplitude A des stationären sinusförmigen Ausgangssignals und die Amplitude E des Eingangssignals sind daher unabhängig von der Kreisfrequenz des Eingangssignals stets gleich groß. Das Übertragungsglied dieses Beispiels ist demnach ein Allpaß. Ausgangs- und Eingangssignal unterscheiden sich im eingeschwungenen Zustand nur in der Phasenlage. Die Ortskurve des Frequenzgangs ist daher ein Halbkreis ($\omega \geq 0$) mit dem Radius 1 um den Ursprung.

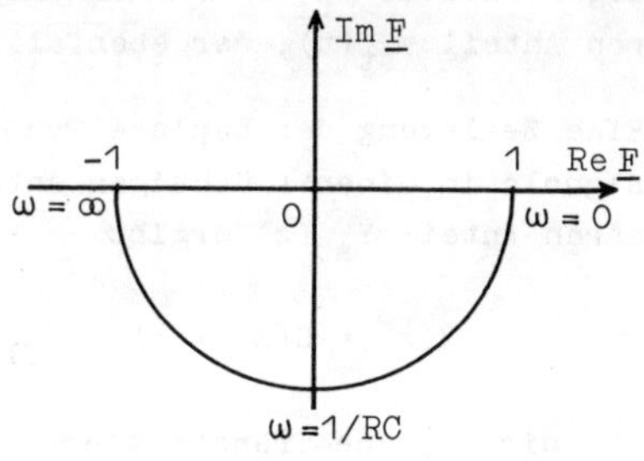

Bild 4.72 Ortskurve des Frequenzgangs $\underline{F}$

f) Berechnung des stationären Anteils des Ausgangssignals bei periodischen Erregungen

Als ein weiteres Beispiel für die Anwendung der Laplace - Tranformation in der Elektrotechnik soll nun der stationäre Anteil $y_{st}(t)$ des Ausgangssignals eines Übertragungsgliedes bei einem nichtsinusförmigen periodischen Eingangssignal x(t) berechnet werden.
Wie im Abschnitt 4.3.3 gezeigt wird, hat ein T-periodisches Eingangssignal x(t) die Laplace-Transformierte

$$X(s) = \frac{X_o(s)}{1 - e^{-sT}}$$

$X_o(s)$ ist hierbei die Laplace-Transformierte einer nur im Zeitintervall von 0 bis T von Null verschiedenen Zeitfunktion $x_o(t)$, deren periodische Fortsetzung x(t) ergibt.

Nach Satz 4.39 antwortet das System nach Abklingen des flüchtigen Anteils $y_{fl}(t)$ des Ausgangssignals mit einem stationären Anteil $y_{st}(t)$, der ebenfalls T-periodisch ist.

Eine Zerlegung der Laplace-Transformierten Y(s) des Ausgangssignals in einen flüchtigen Anteil $Y_{fl}(s)$ und einen stationären Anteil $Y_{st}(s)$ ergibt

$$Y(s) = G(s).X(s) = Y_{fl}(s) + Y_{st}(s) \qquad (4.91)$$

Für die Laplace-Transformierte des stationären Anteils folgt daraus

$$Y_{st}(s) = G(s).X(s) - Y_{fl}(s) \qquad (4.92)$$

Die Laplace-Transformierte $Y_{fl}(s)$ des flüchtigen Anteils des Ausgangssignals kann dadurch bestimmt werden, daß man ihre Partialbruchzerlegung durchführt, die durch die im Inneren der linken Halbebene gelegenen Pole (Bild 4.70) bestimmt ist.

Da das stationäre Ausgangssignal $y_{st}(t)$ eine T-periodische Funktion ist, genügt es

$$y^o_{st}(t) = \begin{cases} \text{definiert für } 0 \leq t \leq T \\ 0 \text{ für alle übrigen Zeitpunkte} \end{cases}$$

zu berechnen. Das gesuchte staionäre Ausgangssignal $y_{st}(t)$ entsteht dann durch periodisches Fortsetzen von $y^o_{st}(t)$.

<u>Beispiel 4.103:</u> Auf das RC-Glied von Bild 4.73 a wirke eine doppelweggleichgerichtete Sinusspannung $u_e(t)$ nach Bild 4.73 b als Eingangssignal x(t). Es soll der stationäre Anteil $u_{ast}(t)$ der Ausgangsspannung berechnet werden.

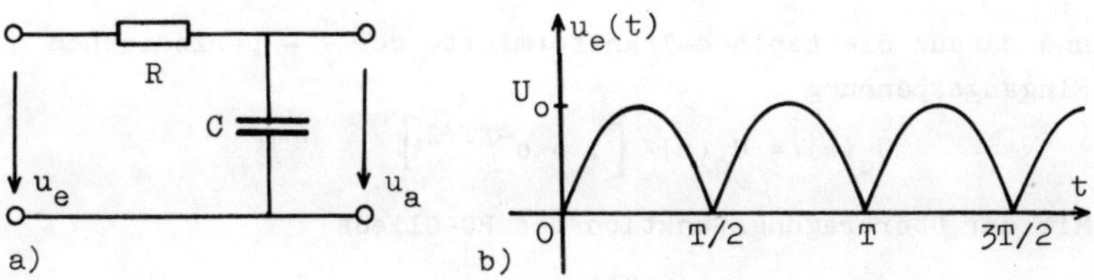

Bild 4.73 RC-Glied (a) und Eingangsspannung $u_e(t)$ (b)

Die periodische Eingangsspannung $u_e(t)$ entsteht durch periodisches Fortsetzen der Spannung

$$u_o(t) = \begin{cases} U_o \sin(\omega t) & \text{für } 0 \leq t \leq T/2 \\ 0 & \text{für alle übrigen Zeitpunkte} \end{cases}$$

Diese Spannung $u_o(t)$ setzt sich nach Bild 4.74 aus

$$u_o(t) = U_o\left[\sin(\omega t) + \varepsilon(t-T/2).\sin\left[\omega(t-T/2)\right]\right]$$

zusammen.

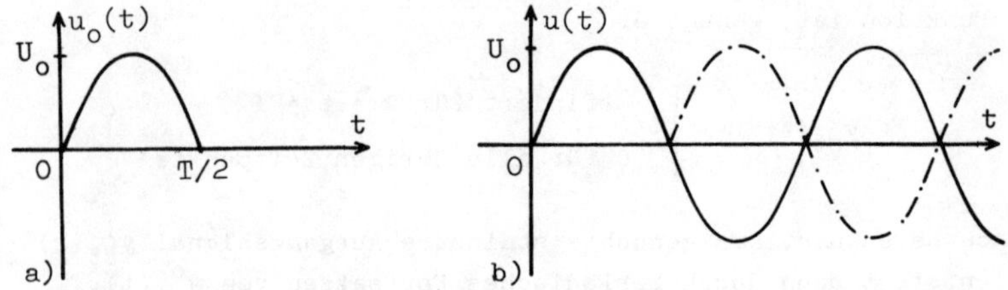

Bild 4.74 Spannung $u_o(t)$ (a) und ihre Zerlegung in Teilspannungen

Wir erhalten daher mit dem Verschiebungssatz die Korrespondenz

$$u_o(t) \circ\!\!-\!\!\bullet \quad U_o(s) = \frac{U_o\,\omega}{s^2 + \omega^2}\left[1 + e^{-sT/2}\right]$$

und daraus die Laplace-Transformierte der $\frac{T}{2}$ - periodischen Eingangsspannung

$$U_e(s) = U_o(s) / \left[1 - e^{-sT/2}\right]$$

Mit der Übertragungsfunktion des RC-Glieds

$$G(s) = \frac{1/(RC)}{s + 1/(RC)}$$

folgt für die Laplace-Transformierte der Ausgangsspannung

$$U_a(s) = \frac{1/(RC)}{s + 1/(RC)} \frac{U_o\,\omega}{s^2 + \omega^2} \frac{1 + e^{-sT/2}}{1 - e^{-sT/2}}$$

a) Nullstellen von $U_a(s)$: $1 + e^{-sT/2} = 0$

$$e^{-sT/2} = -1 = e^{j(2k+1)\pi}$$

$$s = j(2k+1)\omega \quad , \quad k = 0, \pm 1, \pm 2, \pm 3, \ldots$$

b) Polstellen von $U_a(s)$:

1. $s = -1/(RC)$
2. $s = \pm j\omega$
3. $1 - e^{-sT/2} = 0 \quad \rightarrow \quad s = j2k\omega$

An den Stellen $s = \pm j\omega$ überlagern sich jeweils eine einfache Polstelle und eine einfache Nullstelle, die sich gegenseitig aufheben.
An dem Pol-Nullstellenplan (Bild 4.75) erkennt man, daß die Ausgangsspannung $u_a(t)$ einen durch die bei $s = -1/(RC)$ liegende Polstelle bestimmten flüchtigen Anteil

$$u_{afl}(t) = A_1 e^{-t/(RC)}$$

hat.
Die auf der imaginären Achse liegenden Pole bestimmen die Fourierreihe des periodischen stationären Anteils der Ausgangsspannung, auf die wir hier jedoch nicht näher eingehen wollen.

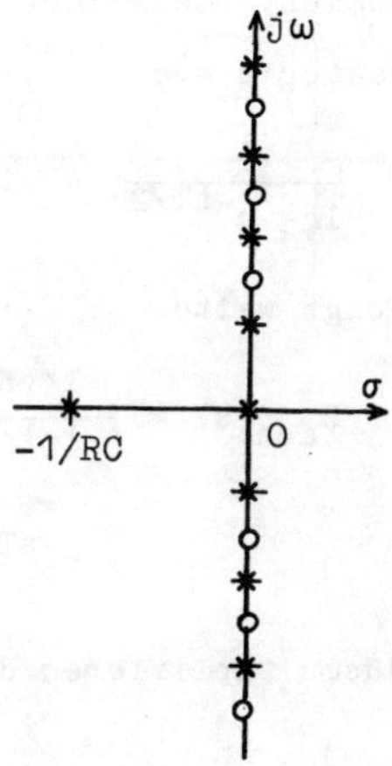

Bild 4.75 Pol-Nullstellenplan

Für die Laplace-Transformierte der Ausgangsspannung erhält man

$$U_a(s) = U_{afl}(s) + U_{ast}(s) = \frac{A_1}{s + 1/(RC)} + U_{ast}(s),$$

wobei der Zähler A_1 nach Gl. (4.45) durch

$$A_1 = \left[\frac{1}{RC} \cdot \frac{U_o \omega}{s^2 + \omega^2} \cdot \frac{1 + e^{-sT/2}}{1 - e^{-sT/2}} \right]_{s = -1/(RC)}$$

$$= \frac{U_o \omega RC}{1 + \omega^2 R^2 C^2} \cdot \frac{1 + e^{T/(2RC)}}{1 - e^{T/(2RC)}} \qquad (4.93)$$

gegeben ist. Für die Laplace-Transformierte des stationären Anteils folgt damit

$$U_{ast}(s) = U_a(s) - U_{afl}(s)$$

$$= \frac{1/(RC)}{s + 1/(RC)} \cdot \frac{U_o \omega}{s^2 + \omega^2} \cdot \frac{1 + e^{-sT/2}}{1 - e^{-sT/2}} - \frac{A_1}{s + 1/(RC)}$$

A_1 hat hierbei den durch Gl. (4.93) bestimmten Wert. Mit der Summenformel einer unendlichen geometrischen Reihe mit dem Faktor $q = e^{-sT/2}$, nämlich

$$\frac{1}{1 - e^{-sT/2}} = 1 + e^{-sT/2} + e^{-sT} + e^{-3sT/2} + e^{-2s} + \ldots$$

folgt weiter

$$U_{ast}(s) = \frac{1/(RC)}{s + 1/(RC)} \cdot \frac{U_o \omega}{s^2 + \omega^2} \left[1 + e^{-sT/2}\right]\left[1 + e^{-sT/2} + e^{-sT} + e^{-3sT/2} + \ldots\right] - \frac{A_1}{s + 1/(RC)} \qquad (4.94)$$

Ausmultiplizieren der beiden Klammern ergibt

$$U_{ast}(s) = \frac{1/(RC)}{s + 1/(RC)} \cdot \frac{U_o \omega}{s^2 + \omega^2} \left[1 + 2e^{-sT/2} + 2e^{-sT} + 2e^{-3sT/2} + \ldots\right] - \frac{A_1}{s + 1/(RC)}$$

bzw.

$$U_{ast}(s) = \frac{1/(RC)}{s + 1/(RC)} \cdot \frac{U_o \omega}{s^2 + \omega^2} - \frac{A_1}{s + 1/(RC)} + \frac{1/(RC)}{s + 1/(RC)} \, \frac{2U_o \omega}{s^2 + \omega^2} \left[e^{-sT/2} + e^{-sT} + e^{-s3T/2} + e^{-s2T} + \ldots\right]$$

Dieser verhältnismäßig komplizierte Ausdruck vereinfacht sich ganz wesentlich, wenn wir uns bei der Betrachtung des stationären Anteils der Ausgangsspannung auf das Zeitintervall $0 \leq t < T/2$ beschränken. Da die periodische Eingangsspannung $u_e(t)$ in diesem Beispiel die Periodendauer T/2 hat, ist die stationäre Ausgangsspannung $u_{ast}(t)$ periodisch mit der gleichen Periodendauer T/2.

Es genügt daher die Berechnung des stationären Ausgangssignals für das Zeitintervall $0 \leq t < T/2$.
Die Glieder der Laplace-Transformierten $U_{ast}(s)$ von Gl.(4.94) mit den Faktoren $e^{-sT/2}$, e^{-sT}, $e^{-3sT/2}$, ... liefern aber im Zeitbereich Anteile, die nach dem Verschiebungssatz in dem betrachteten Zeitintervall $0 \leq t < T/2$ identisch Null sind.

Durch eine Beschränkung auf dieses Zeitintervall erhalten wir im Zeitbereich eine Spannung $u^o_{st}(t)$, deren periodische Fortsetzung $u_{ast}(t)$ ergibt und deren Laplace-Transformierte durch den wesentlich einfacheren Ausdruck

$$U^o_{ast}(s) = \frac{1/(RC)}{s + 1/(RC)} \cdot \frac{U_o\omega}{s^2 + \omega^2} - \frac{A_1}{s + 1/(RC)}$$

gegeben ist. Da A_1 einen bereits berechneten Wert hat, genügt die Partialbruchzerlegung des ersten Terms

$$\frac{1/(RC)}{s + 1/(RC)} \cdot \frac{U_o\omega}{s^2 + \omega^2} = \frac{A_2}{s + 1/(RC)} + \frac{B_1 s + B_2}{s^2 + \omega^2}$$

Die Zähler dieser Partialbruchzerlegung berechnen sich nach den bei den Partialbruchzerlegungen geübten Methoden zu

$$A_2 = \frac{U_o\omega RC}{1 + \omega^2R^2C^2} \ , \ B_1 = -\frac{U_o\omega RC}{1 + \omega^2R^2C^2} \ \text{und} \ B_2 = \frac{U_o\omega}{1 + \omega^2R^2C^2}$$

Zusammenfassend erhalten wir

$$U^o_{ast} = \frac{A_2 - A_1}{s + 1/(RC)} + \frac{B_1 s + B_2}{s^2 + \omega^2} =$$

$$= \frac{U_o\omega RC}{1 + \omega^2R^2C^2} \cdot \frac{2e^{T/(2RC)}}{e^{T/2RC} - 1} \cdot \frac{1}{s + 1/(RC)} + \frac{U_o(-\omega RC + \omega)}{(1 + \omega^2R^2C^2)(s^2 + \omega^2)}$$

Dieser Bildfunktion entspricht im Zeitbereich die Spannung

$$u^o_{ast}(t) = \frac{U_o \omega RC}{1 + \omega^2 R^2 C^2} \cdot \frac{2e^{T/(2RC)}}{e^{T/2RC} - 1} e^{-t/(RC)} + \frac{U_o}{1 + \omega^2 R^2 C^2} \left[\sin(\omega t) - \omega RC \cos(\omega t) \right]$$

Wir haben somit einen geschlossenen Ausdruck für den stationären Anteil der Ausgangsspannung im Zeitintervall $0 \leq t < T/2$ gefunden.
Durch periodisches Fortsetzen dieser Spannung $u^o_{ast}(t)$ erhält man die stationäre periodische Ausgangsspannung $u_{ast}(t)$, deren Verlauf in Bild 4.76 für $\omega RC = 1$ dargestellt ist.

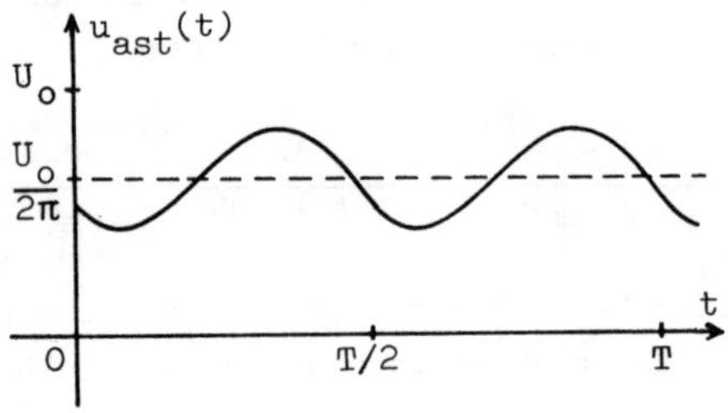

Bild 4.76 Verlauf der stationären Ausgangsspannung $u_{ast}(t)$

Diesem stationären Anteil der Ausgangsspannung überlagert sich ein flüchtiger Anteil, der durch die Polstellen der Übertragungsfunktion bestimmt und in diesem Beispiel durch $u_{afl}(t) = A_1 e^{-t/(RC)}$ gegeben ist.

Mit größerer Kapazität C wird die Spannung mehr geglättet und im Grenzfall $C \to \infty$ erhält man

$$u_{ast}(t) = 2U_o/\pi \ ,$$

d.h. eine ideal geglättete Ausgangsspannung mit einer Spannung, die sonst als Mittelwert auftritt.

Übungsaufgaben zu Abschnitt 4.4.4 (Lösungen im Anhang):

Beispiel 4.104: Es soll die Sprungantwort h(t) des in Bild 4.77 dargestellten Übertragungsgliedes berchnet werden.

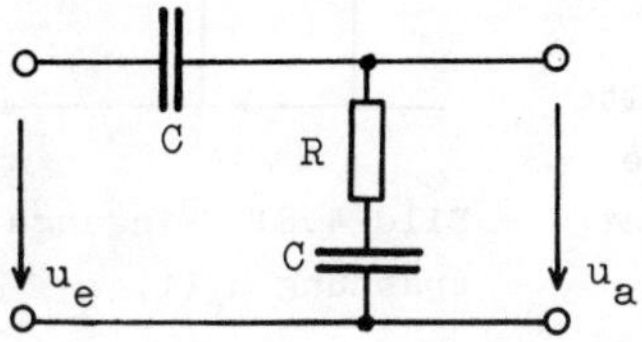

Bild 4.77 Übertragungsglied

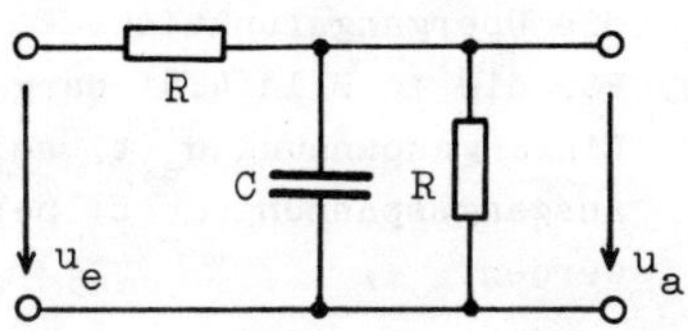

Bild 4.78 Übertragungsglied

Beispiel 4.105: Bild 4.78 Man berechne für das Übertragungsglied in

a) die Übergangsfunktion h(t) und
b) die Gewichtsfunktion g(t).

Beispiel 4.106: Man bestimme für die in Bild 4.79 a, b und c dargestellten Übertragungsglieder die Übertragungsfunktionen.

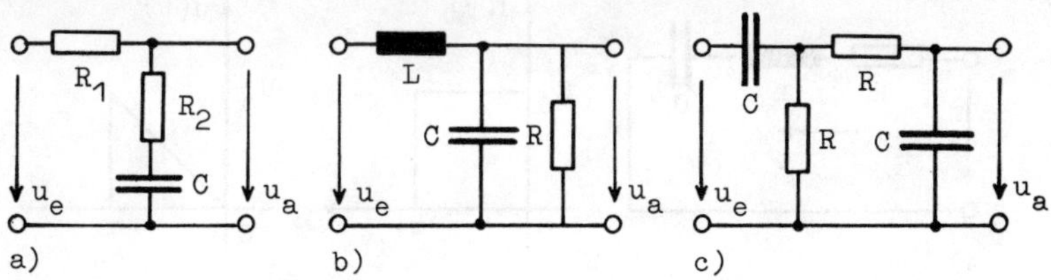

Bild 4.79 Übertragungsglieder zu Beispiel 4.106

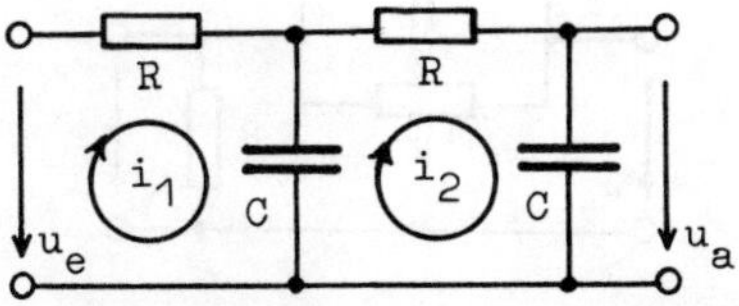

Bild 4.80 Übertragungsglied

Beispiel 4.107: Für das Übertragungsglied in Bild 4.80 berechne man

a) die Übertragungsfunktion G(s),
b) die Gewichtsfunktion g(t) und
c) die Übergangsfunktion h(t).

Beispiel 4.108: Gegeben ist ein Netzwerk mit der Übertragungsfunktion

$$G(s) = \frac{1}{RCs + 3}$$

a) Man berechne die Impulsantwort und die Übergangsfunktion.

b) Für die in Bild 4.81 dargestellte Eingangsspannung $u_e(t)$ soll die Ausgangsspannung $u_a(t)$ berechnet werden.

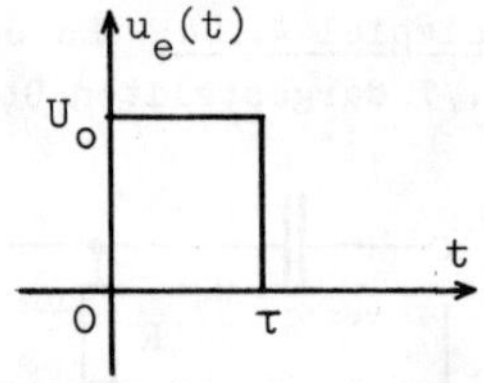

Bild 4.81 Eingangsspannung $u_e(t)$

Beispiel 4.109: Gegeben ist ein Serienschwingkreis im aperiodischen Grenzfall nach Bild 4.82 a, d.h., es gilt

$$R/(2L) = 1/\sqrt{LC}.$$

a) Man bestimme die Übertragungsfunktion

$$G(s) = I(s)/U(s).$$

b) Für die Spannungen u(t) nach Bild 4.82 b und Bild 4.82 c sollen der Strom i(t) berechnet werden.

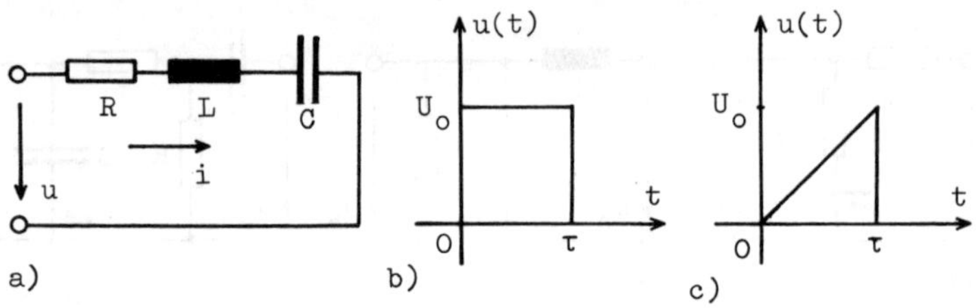

Bild 4.82 Serienschwingkreis und Spannungen u(t)

Beispiel 4.110: Für das Übertragungsglied in Bild 4.83 sollen die Übertragungsfunktion

$$G(s) = U_a(s)/U_e(s)$$

und die Ortskurve des Frequenzgangs $\underline{F}$ bestimmt werden.

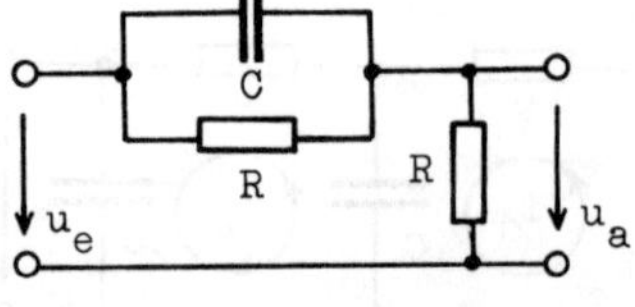

Bild 4.83 Übertragungsglied von Beispiel 4.110

Beispiel 4.111: Auf das RC-Glied von Bild 4.84 a wirke als Eingangsspannung die periodische Rechteckspannung von Bild 4.84 b.
Man berechne den stationären Anteil der Ausgangsspannung.

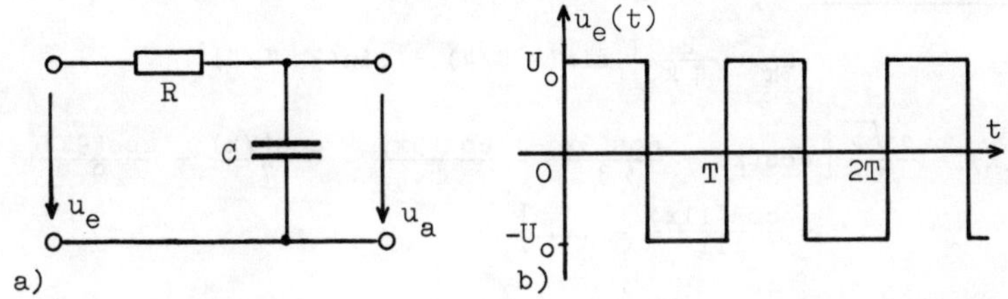

Bild 4.84 RC-Glied (a) und periodische Eingangsspannung (b)

Beispiel 4.112: An das RC-Glied von Bild 4.84 a werde als Eingangsspannung $u_e(t)$ die einweggleichgerichtete Sinusspannung nach Bild 4.85 angelegt. Es soll die stationäre Ausgangsspannung berechnet werden.

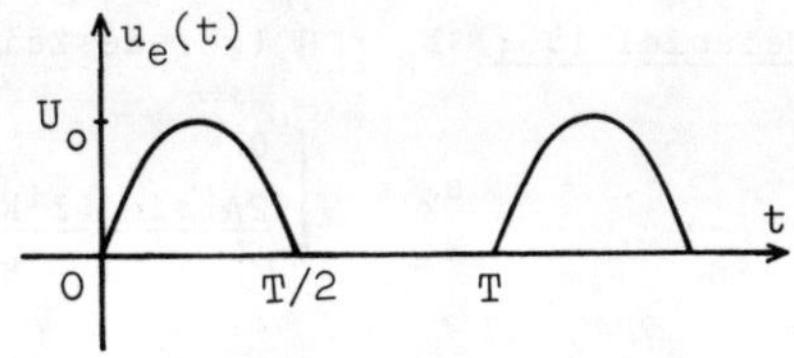

Bild 4.85 Eingangsspannung $u_e(t)$

Anhang

Lösungen zu den Übungsaufgaben

Beispiel 1.4: $b_k = 0$ (gerade Funktion), $a_o = 0$ (Mittelwert),

$$a_k = \frac{2}{\pi k}\left[\sin(k\pi/4) + \sin(3k\pi/4)\right]$$

$$f(x) = \frac{2\sqrt{2}}{\pi}\left[\cos(x) + \frac{\cos(3x)}{3} - \frac{\cos(5x)}{5} - \frac{\cos(7x)}{7} + \frac{\cos(9x)}{9} + \right.$$
$$\left. + \frac{\cos(11x)}{11} - \ldots\right]$$

Beispiel 1.5: $a_o = 0{,}5, \qquad a_k = 0, \qquad b_k = -1/(k\pi)$

$$f(x) = 0{,}5 - \sum_{k=1}^{\infty} \frac{\sin(kx)}{\pi k}$$

Beispiel 1.6: $b_k = 0$ (gerade Zeitfunktion), $a_o = A/\pi$, $a_1 = A/2$

$$a_k = \begin{cases} 0 & k = 2n + 1 \\ \frac{2A}{\pi}\cdot\frac{\sin[(1+k)\pi/2]}{1 - k^2} & k = 2n \end{cases} \qquad n \in N$$

$$f(x) = \frac{A}{\pi} + \frac{A\cos x}{2} + \frac{2A}{\pi}\left[\frac{\cos(2x)}{3} - \frac{\cos(4x)}{15} + \frac{\cos(6x)}{35} - + \ldots\right]$$

Beispiel 2.3: $F(\omega) = \frac{2j}{\omega}\left[\cos(\omega T/2) - 1\right]$

Beispiel 2.4: $F(\omega) = \frac{2a}{a^2 + \omega^2}$

Beispiel 2.5: $F(\omega) = \frac{4U}{\omega^2 T}\left[1 - \cos(\omega T/2)\right]$

$$f(t) = \frac{4U}{\pi T}\int_0^{\infty} \frac{1 - \cos(\omega T/2)}{\omega^2} \cos(\omega t)\,d\omega$$

<u>Beispiel 4.5:</u> a) $\oint \frac{dz}{z-2} = 2\pi j$

b) $\underset{z=2}{\text{Res}} \left\{ \frac{1}{z-2} \right\} = 1$

<u>Beispiel 4.6:</u> $\underset{z=-1}{\text{Res}} \left\{ f(z) \right\} = -\frac{1}{8}$, $\underset{z=1}{\text{Res}} \left\{ f(z) \right\} = \frac{1}{8}$

<u>Beispiel 4.7:</u>

a) $f(t) = -e^{t} + e^{2t}$ b) $f(t) = te^{-t} + 2e^{-t}$

c) $f(t) = \frac{1}{2}(e^{t} - e^{-t}) = \sinh t$

d) $f(t) = (-4{,}5t^3 + 13{,}5t^2 - 9t + 1)e^{-3t}$

e) $f(t) = t - 2 + te^{-t} - 2e^{-t}$

f) $f(t) = 2e^{-t} - 2\cos(t) + 3\sin(t)$

<u>Beispiel 4.8:</u> $\frac{1}{s^n}$ ●—○ $\frac{t^{n-1}}{(n-1)!}$

<u>Beispiel 4.9:</u> $\frac{1}{(s^2+1)^2}$ ●—○ $\frac{1}{2}(\sin t - t\cos t)$

<u>Beispiel 4.10:</u> $\frac{s}{s^4 - 16}$ ●—○ $\frac{1}{8}\left[\cosh(2t) - \cos(2t)\right]$

<u>Beispiel 4.15:</u>

a) $F(s) = \frac{24}{s^5} - \frac{6}{s^3} + \frac{5}{s} = \frac{24 - 6s^2 + 5s^4}{s^5}$

b) $F(s) = \frac{3}{s+2} + \frac{5}{s+3} = \frac{8s + 19}{(s+2)(s+3)}$

c) $F(s) = \frac{2 - 3s}{s^2 + 1}$ d) $F(s) = \frac{4}{s^3} - \frac{1}{s + 0{,}5}$

e) $F(s) = \frac{a}{s^2 - a^2}$ f) $F(s) = \frac{s}{s^2 - a^2}$

Beispiel 4.16:

a) $f(t) = 1 - 3t + \frac{5}{6}t^3 - \frac{7}{24}t^4$ b) $f(t) = 6e^{-5t} - 8e^{2t}$

c) $f(t) = 0,5e^{2,5t} + 3t$ d) $f(t) = 5\cos t + 3\sin t$

e) $f(t) = 0,5\cos(1,5t) + 2,5\sin(1,5t)$

Beispiel 4.24: a) $F(s) = 2e^{-s}/(s^3)$

b) $f(t) = t - (t-3)\,\varepsilon(t-3) \circ\!\!-\!\!\bullet\; F(s) = (1 - e^{-3s})/(s^2)$

c) $f(t) = \sin t + \sin(t-\pi)\,\varepsilon(t-\pi) \circ\!\!-\!\!\bullet\; F(s) = \dfrac{1 + e^{-\pi s}}{s^2 + 1}$

Beispiel 4.25: $F(s) = \frac{A}{s}(e^{-st_1} - e^{-st_2})$

Beispiel 4.26: $F(s) = \frac{A}{s}\cdot\dfrac{(1 - e^{-sT/2})^2}{1 - e^{-sT}} = \frac{A}{s}\cdot\dfrac{1 - e^{-sT/2}}{1 + e^{-sT/2}}$

Beispiel 4.27:

$$f(t) = \frac{A}{2}t - \frac{A}{2}(t-2)\,\varepsilon(t-2) - A\,\varepsilon(t-2) + Ae^{-(t-2)}\varepsilon(t-2)$$

$$F(s) = \frac{A}{2s^2}(1 - e^{-2s}) - \frac{Ae^{-2s}}{s} + \frac{Ae^{-2s}}{s+1}$$

Beispiel 4.28: a) $f(t) = \begin{cases} t - 2 & \text{für } t \geqq 2 \\ 0 & \text{für } t < 2 \end{cases}$

b) $f(t) = \begin{cases} \frac{1}{6}(t-5)^3 & \text{für } t \geqq 5 \\ 0 & \text{für } t < 5 \end{cases}$

c) $f(t) = \begin{cases} \cos 5(t - \frac{\pi}{2}) & \text{für } t \geqq \frac{\pi}{2} \\ 0 & \text{für } t < \frac{\pi}{2} \end{cases}$

d) $f(t) = \begin{cases} 0,5t^2 & \text{für } t \leqq 2 \\ 2(t-1) & \text{für } t > 2 \end{cases}$

<u>Beispiel 4.33:</u> a) $F(s) = 2/(s + 5)^3$ b) $F(s) = 24/(s - 3)^5$

c) $F(s) = (s + \delta)/\{(s + \delta)^2 + \omega^2\}$

d) $F(s) = (s + 2)/(s^2 + 4s + 3)$

e) $F(s) = \frac{1}{s} + \frac{2}{(s + 1)^2} + \frac{2}{(s + 2)^3}$

f) $F(s) = e^{-s}/(s^2 + 4s + 5)$

<u>Beispiel 4.34:</u>

a) $f(t) = te^{-t}$ b) $f(t) = \frac{1}{2} e^{-2t}\sin(2t)$

c) $f(t) = e^{-t}\cosh(2t)$ d) $f(t) = \frac{1}{2} t^2 e^{-at}$

e) $f(t) = \begin{cases} \frac{(t-2)^2}{2} e^{-(t-2)} & \text{für } t \geq 2 \\ 0 & \text{für } t < 2 \end{cases}$

f) $f(t) = \begin{cases} \frac{1}{2} e^{-(t-3)} \sin 2(t-3) & \text{für } t \geq 3 \\ 0 & \text{für } t < 3 \end{cases}$

g) $f(t) = \begin{cases} te^{-2t} & \text{für } t \leq 3 \\ te^{-2t} - (t-3)e^{-2(t-3)} & \text{für } t > 3 \end{cases}$

h) $f(t) = 2\sqrt{t}\, e^{-3t}$

<u>Beispiel 4.41:</u> a) $f(t) = 2e^{-2t} - e^{-3t}$

b) $f(t) = 0{,}05e^{2t} - 0{,}25e^{-2t} + 0{,}2e^{-3t}$

c) $f(t) = (-4{,}5t^3 + 13{,}5t^2 - 9t + 1)e^{-3t}$

d) $f(t) = -7te^{-t} + 8e^{-t} + 3e^{t} - e^{-2t}$

e) $f(t) = t - 2 + te^{-t} + 2e^{-t}$

f) $f(t) = (t-0{,}6)e^{-t} + (0{,}6\cos t + 0{,}8\sin t)e^{-4t}$

g) $f(t) = 2e^{-t} - 2\cos t + 3\sin t$

h) $f(t) = 5e^{-t} + 2\cos(\sqrt{3}\, t) - \sqrt{3}\sin(\sqrt{3}\, t)$

Beisipiel 4.44: $f(t) = \cos t * \cos t = \frac{1}{2}(\sin t + t\cos t)$

Beispiel 4.45:

a) $$F(s) = \frac{A_1}{s - s_1} + \frac{A_2}{s - s_2} \quad \bullet\!\!-\!\!\circ \quad f(t) = \frac{e^{s_1 t} - e^{s_2 t}}{s_1 - s_2}$$

b) $$f(t) = e^{s_1 t} * e^{s_2 t} = \frac{e^{s_1 t} - e^{s_2 t}}{s_1 - s_2}$$

c) $$f(t) = \operatorname*{Res}_{s=s_1} \left\{ \frac{e^{st}}{(s-s_1)(s-s_2)} \right\} + \operatorname*{Res}_{s=s_2} \left\{ \frac{e^{st}}{(s-s_1)(s-s_2)} \right\} =$$

$$= \frac{e^{s_1 t} - e^{s_2 t}}{s_1 - s_2}$$

Beispiel 4.46: $f(t) = \frac{1}{2} t\sin t * \sin t = \frac{t}{8}(\sin t - t\cos t)$

Beispiel 4.50: a) $$f(t) = t - \frac{t^5}{5!} + \frac{t^9}{9!} - \frac{t^{13}}{13!} + \frac{t^{17}}{17!} - \frac{t^{21}}{21!} + - \dots$$

$$= \sum_{k=0}^{\infty} (-1)^k \frac{t^{4k+1}}{(4k+1)!}$$

b) $$f(t) = \frac{t^2}{2!} - \frac{t^5}{5!} + \frac{t^8}{8!} - \frac{t^{11}}{11!} + \frac{t^{14}}{14!} - \frac{t^{17}}{17!} + - \dots$$

$$= \sum_{k=0}^{\infty} (-1)^k \frac{t^{3k+2}}{(3k+2)!}$$

c) $$f(t) = 1 - t + \frac{t^2}{(2!)^2} - \frac{t^3}{(3!)^2} + \frac{t^4}{(4!)^2} - + \dots$$

$$= \sum_{k=0}^{\infty} (-1)^k \frac{t^k}{(2k!)^2}$$

d) $$f(t) = 1 - \frac{t^2}{(2!)^2} + \frac{t^4}{(4!)^2} - \frac{t^6}{(6!)^2} + - \ldots$$

$$= \sum_{k=0}^{\infty} (-1)^k \frac{t^{2k}}{(2k)!^{\,2}}$$

<u>Beispiel 4.54:</u>

$$\frac{1}{s(s+a)} \quad \bullet\!\!-\!\!\circ \quad \frac{1}{a}(1 - e^{-at})$$

$$\frac{1}{s^2(s+a)} \quad \bullet\!\!-\!\!\circ \quad \frac{1}{a^2}(e^{-at} + at - 1)$$

<u>Beispiel 4.55:</u>

a) $F(s) = \frac{1}{s}\arctan(\frac{1}{s})$ b) $F(s) = \frac{2s+8}{s(s+3)^3}$

<u>Beispiel 4.56:</u> $$F(s) = \frac{U_o}{\tau s^2}(1 - e^{-s\tau})$$

<u>Beispiel 4.63:</u>

a) $\lim_{t \to 0} f(t) = 0$ $\lim_{t \to \infty} f(t) = 0$

b) $\lim_{t \to 0} f(t) = 0$ Endwertsatz nicht anwendbar!

c) $\lim_{t \to 0} f(t) = 2$ $\lim_{t \to \infty} f(t) = 1$

d) $\lim_{t \to 0} f(t) = 0$ $\lim_{t \to \infty} f(t) = \frac{\pi}{2}$

e) $\lim_{t \to 0} f(t) = 0$ $\lim_{t \to \infty} f(t) = 1$

f) $\lim_{t \to 0} f(t) = \infty$ $\lim_{t \to \infty} f(t) = 0$

<u>Beispiel 4.68:</u>

a) $F(s) = \frac{2s}{(s^2-1)^2}$ b) $F(s) = \frac{6s^2 - 2}{(s^2+1)^3}$

c) $F(s) = \frac{6s^4 - 36s^2 + 6}{(s^2+1)^4}$ d) $F(s) = \frac{s^2 + 12s - 4}{(s^2+4)^2}$

<u>Beispiel 4.69:</u> $f(t) = e^{-t}/t$

<u>Beispiel 4.73:</u> a) $F(s) = \ln\sqrt{\frac{s+1}{s-1}}$ b) $F(s) = \ln\frac{s+1}{s}$

c) $F(s) = \ln\sqrt{\frac{s^2 + a_2^2}{s^2 + a_1^2}}$

<u>Beispiel 4.74:</u> a) $\ln 0{,}25 = -1{,}38629\ldots$

b) $\ln 3 = 1{,}09861\ldots$

<u>Beispiel 4.77:</u> a) $f(t) = 0{,}5t - 0{,}75 + e^{-t} - 0{,}25e^{-2t}$

b) $f(t) = 15te^{-t} + 4e^{-t} - 4\cos(2t) - 3\sin(2t)$

c) $f(t) = te^{-3t} + 3e^{-3t} - 2e^{-2t} + e^{3t}$

d) $f(t) = 2e^{-t} + e^{0,5t}\left[\frac{11\sqrt{3}}{3}\sin(\frac{\sqrt{3}}{2}t) - \cos(\frac{\sqrt{3}}{2}t)\right]$

<u>Beispiel 4.78:</u> $f(t) = 2e^{-5t} + e^{-t}\left[A\cos(\sqrt{3}\,t) + B\sin(\sqrt{3}\,t)\right]$

<u>Beispiel 4.79:</u> $u_a(t) = kt - kRC(1 - e^{-t/RC})$

<u>Beispiel 4.83:</u> $x(t) = 8t + 2 - 2\cos(t) - 3\sin(t)$

$y(t) = -4t + 1 + 2\sin(t)$

<u>Beispiel 4.84:</u> $x(t) = \frac{1}{3} + \frac{2}{3}\cosh(3t) = \frac{1}{3}(1 + e^{3t} + e^{-3t})$

$y(t) = 6\cosh(3t) = 3(e^{3t} + e^{-3t})$

Beispiel 4.85: $x(t) = 5e^{-t} + 3e^{4t}, \quad y(t) = 5e^{-t} - 2e^{4t}$

Beispiel 4.86: $i_C(t) = \frac{U_o}{R} e^{-\delta t}\left[\cos(\omega t) - \frac{\delta}{\omega}\sin(\omega t)\right]$

$$\delta = 1/(2RC), \quad \omega_o^2 = 1/(LC), \quad \omega = \sqrt{\omega_o^2 - \delta^2}$$

Beispiel 4.92: $i(t) = \frac{U_o}{R}\left(1 - 0{,}5e^{-Rt/(2L)}\right)$

Beispiel 4.93: $u_R(t) = kRC(1 - e^{-t/(RC)})$

Beispiel 4.94:

$$i_2(t) = \begin{cases} \frac{0{,}447U_o}{R}\left[e^{-\frac{0{,}382}{RC}t} - e^{-\frac{2{,}618}{RC}t}\right] & \text{für } 0 \leq t \leq \tau \\ \frac{0{,}447U_o}{R}\left[e^{-\frac{0{,}382}{RC}t} - e^{-\frac{2{,}618}{RC}t} - e^{-\frac{0{,}382}{RC}(t-\tau)} + \right. \\ \left. + e^{-\frac{2{,}618}{RC}(t-\tau)}\right] & \text{für } t > \tau \end{cases}$$

Beispiel 4.95: Es sei $\omega_o^2 = 1/(LC)$ und $\delta = R/(2L)$

a) aperiodischer Fall:

$$i(t) = \frac{U_o}{L}\cdot\frac{e^{-\delta t}}{\sqrt{\delta^2 - \omega_o^2}}\sinh\sqrt{\delta^2 - \omega_o^2}\,t$$

b) aperiodischer Grenzfall:

$$i(t) = \frac{U_o}{L}t.e^{-\delta t}$$

c) periodischer Fall:

$$i(t) = \frac{U_o}{L}\cdot\frac{e^{-\delta t}}{\sqrt{\omega_o^2 - \delta^2}}\sin\sqrt{\omega_o^2 - \delta^2}\,t$$

<u>Beispiel 4.96:</u>

$$i(t) = \begin{cases} \frac{U_o C}{4\tau}\left[\frac{2t}{RC} + 1 - e^{-\frac{2t}{RC}}\right] & \text{für } 0 \leq t \leq \tau \\ \frac{U_o C}{4\tau}\left[\frac{2\tau}{RC} - e^{-\frac{2t}{RC}} + e^{-\frac{2(t-\tau)}{RC}}\right] & \text{für } t > \tau \end{cases}$$

$$\lim_{t \to \infty} i(t) = U_o/(2R)$$

<u>Beispiel 4.97:</u>

$$i(t) = \begin{cases} \frac{U_o C}{4\tau}\left[\frac{2t}{RC} + 1 - e^{-\frac{2t}{RC}}\right] & \text{für } 0 \leq t \leq \tau \\ \frac{U_o C}{4\tau}\left[- e^{-\frac{2t}{RC}} + e^{-\frac{2(t-\tau)}{RC}}\right] - \frac{U_o}{2R} e^{-\frac{2(t-\tau)}{RC}} & \text{für } t > \tau \end{cases}$$

$$\lim_{t \to \infty} i(t) = 0$$

<u>Beispiel 4.104:</u> $h(t) = \frac{1}{2}(1 + e^{-\frac{2t}{RC}})$

<u>Beispiel 4.105:</u> a) $h(t) = \frac{1}{2}(1 - e^{-\frac{2t}{RC}})$ b) $g(t) = \frac{e^{-\frac{2t}{RC}}}{RC}$

<u>Beispiel 4.106:</u> a) $G(s) = \frac{R_2Cs + 1}{(R_1 + R_2)Cs + 1}$

b) $G(s) = \frac{1}{LCs^2 + \frac{L}{R}s + 1} = \frac{1}{LC(s^2 + \frac{1}{CR}s + \frac{1}{LC})}$

c) $G(s) = \frac{RCs}{R^2C^2s^2 + 3RCs + 1}$

<u>Beispiel 4.107:</u> a) $G(s) = \frac{1}{R^2C^2s^2 + 3RCs + 1}$

b) $g(t) = \frac{0,447}{RC}\left[e^{-\frac{0,382}{RC}t} - e^{-\frac{2,618}{RC}t}\right]$

c) $h(t) = 1 - 1{,}171 e^{-\frac{0{,}382}{RC}t} + 0{,}171 e^{-\frac{2{,}618}{RC}t}$

Beispiel 4.108: a) $g(t) = \frac{e^{-3t/(RC)}}{RC}$, $h(t) = \frac{1 - e^{-3t/(RC)}}{3}$

b) $$u_a(t) = \begin{cases} \frac{U_o}{3}\left[1 - e^{-3t/(RC)}\right] & \text{für } t \leq \tau \\ \frac{U_o}{3}\left[- e^{-3t/(RC)} + e^{-3(t-\tau)/(RC)}\right] & \text{für } t > \tau \end{cases}$$

Beispiel 4.109:

a) $G(s) = \frac{1}{L} \cdot \frac{s}{(s+\delta)^2}$ mit $\delta = R/(2L)$

b)

$$i(t) = \begin{cases} \frac{U_o}{L} t e^{-\delta t} & \text{für } t \leq \tau \\ \frac{U_o}{L}\left[t e^{-\delta t} - (t-\tau) e^{-\delta(t-\tau)}\right] & \text{für } t > \tau \end{cases}$$

$$i(t) = \begin{cases} \frac{U_o}{L\tau}\left[\frac{1}{\delta^2} - \frac{1}{\delta^2} e^{-\delta t} - \frac{1}{\delta} t e^{-\delta t}\right] & \text{für } t \leq \tau \\ \frac{U_o}{L\tau}\left[-\frac{1}{\delta^2} e^{-\delta t} - \frac{1}{\delta} t e^{-\delta t} + \frac{1}{\delta^2} e^{-\delta(t-\tau)} + \right. \\ \left. + \frac{1}{\delta}(t-\tau) e^{-\delta(t-\tau)}\right] - \frac{U_o}{L}(t-\tau) e^{-\delta(t-\tau)} & \text{für } t > \tau \end{cases}$$

Beispiel 4.110:

a) $G(s) = \frac{s + 1/(RC)}{s + 2/(RC)}$

b) $\underline{F} = \frac{j\omega RC + 1}{j\omega RC + 2}$

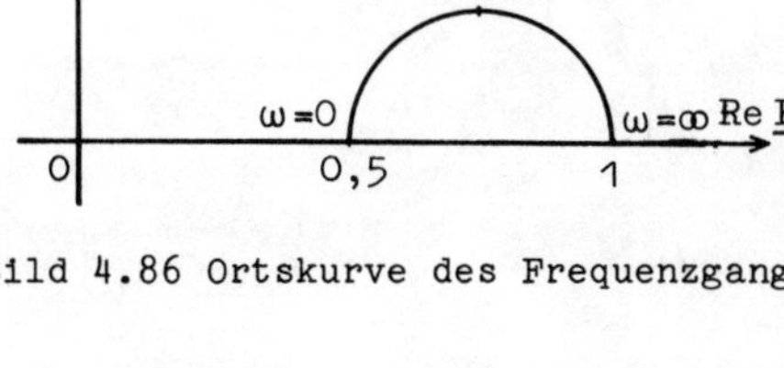

Bild 4.86 Ortskurve des Frequenzgangs

Beispiel 4.111:

$$u^o_{ast}(t) = \begin{cases} U_o\left[1 - \dfrac{2e^{T/(2RC)}}{e^{T/(2RC)}+1}\, e^{-t/(RC)}\right] & \text{für } 0 \leq t < T/2 \\ U_o\left[-1 - \dfrac{2e^{T/(2RC)}}{e^{T/(2RC)}+1}\, e^{-t/(RC)} + 2e^{-(t-\frac{T}{2})/(RC)}\right] & \text{für } T/2 \leq t < T \end{cases}$$

Die stationäre Ausgangsspannung entsteht durch periodisches Fortsetzen der Spannung $u^o_{ast}(t)$.
Ihren zeitlichen Verlauf zeigt Bild 4.87 für die Periodendauer T = 4RC.

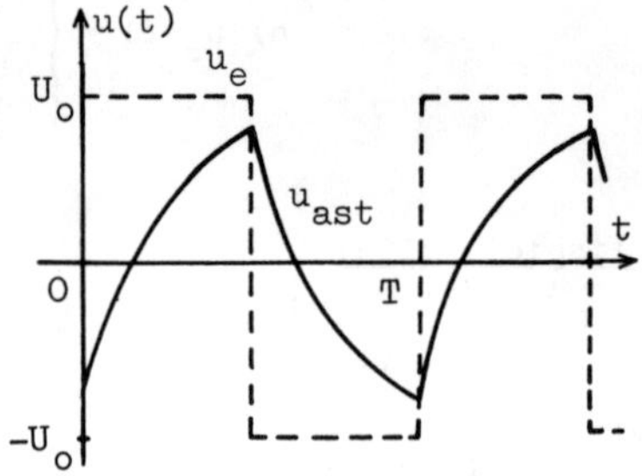

Bild 4.87 Ausgangsspannung $u_{ast}(t)$

Beispiel 4.112:

$$u^o_{ast}(t) = \begin{cases} \dfrac{\omega RC}{1+\omega^2R^2C^2}\left[\dfrac{e^{T/(2RC)}}{e^{T/(2RC)}-1}\, e^{-t/(RC)} - \cos(\omega t) + \dfrac{1}{\omega RC}\sin(\omega t)\right] & \text{für } 0 \leqq t < T/2 \\ \dfrac{\omega RC}{1+\omega^2R^2C^2}\left[\dfrac{e^{T/(2RC)}}{e^{T/(2RC)}-1}\, e^{-t/(RC)} + e^{-(t-\frac{T}{2})/(RC)}\right] & \text{für } T/2 \leqq t < T \end{cases}$$

Sätze für die Laplace-Transformation

Bei den folgenden Sätzen ist die Gültigkeit der Korrespondenzen

$$f(t) \circ\!\!-\!\!\bullet \; F(s), \text{ bzw. } f_i(t) \circ\!\!-\!\!\bullet \; F_i(s)$$

vorausgesetzt.

Additionssatz:

$$\sum_{i=1}^{n} a_i f_i(t) \circ\!\!-\!\!\bullet \sum_{i=1}^{n} a_i F_i(s)$$

Verschiebungssatz:

$$f(t-t_o)\,\varepsilon(t-t_o) \circ\!\!-\!\!\bullet \; F(s).e^{-st_o}$$

Dämpfungssatz:

$$f(t).e^{-at} \circ\!\!-\!\!\bullet \; F(s+a)$$

Faltungssatz:

$$f_1(t)*f_2(t) = \int_0^t f\,(\tau).f\,(t-\tau)\,d\tau \circ\!\!-\!\!\bullet \; F_1(s).F_2(s)$$

Integrationssatz für die Originalfunktion:

$$\int_0^t f(\tau)\,d\tau \circ\!\!-\!\!\bullet \; \frac{1}{s}\,F(s)$$

Differentiationssatz für die Originalfunktion:

$$f^{(n)}(t) \circ\!\!-\!\!\bullet \; s^n F(s) - s^{n-1} f(+0) - \ldots - f^{(n-1)}(+0)$$

Differentiationssatz für die Bildfunktion:

$$\frac{d^n F(s)}{ds^n} = (-1)^n\, L\left\{ t^n\, f(t) \right\}$$

Integrationsssatz für die Bildfunktion

$$\int_s^\infty F(u)\,du = L\left\{ \frac{f(t)}{t} \right\}$$

Korrespondenzen der Laplace-Transformation

A) Einige Bildfunktionen und ihre Originalfunktionen

Nr.	F(s)	f(t)
1	1	$\delta(t)$
2	$\frac{1}{s}$	$\varepsilon(t)$
3	$\frac{1}{s^n}$ $n = 1, 2, 3, 4, \cdots$	$\frac{t^{n-1}}{(n-1)!}$
4	$\frac{1}{s^n}$ $n > -1$, reell	$\frac{t^{n-1}}{\Gamma(n)}$
5	$\frac{1}{\sqrt{s}}$	$\frac{1}{\sqrt{\pi t}}$
6	$\frac{1}{s\sqrt{s}}$	$2\sqrt{\frac{t}{\pi}}$
7	$\frac{1}{s^n\sqrt{s}}$	$\frac{4^n n!}{(2n)!\sqrt{\pi}} t^{n-1/2}$
8	$\frac{1}{s+a}$	e^{-at}
9	$\frac{\omega}{s^2+\omega^2}$	$\sin(\omega t)$
10	$\frac{s}{s^2+\omega^2}$	$\cos(\omega t)$
11	$\frac{as+b}{s^2+\omega^2}$	$a\cos(\omega t) + \frac{b}{\omega}\sin(\omega t)$

Nr.	F(s)	f(t)
12	$\frac{\omega}{s^2 - \omega^2}$	$\sinh(\omega t)$
13	$\frac{s}{s^2 - \omega^2}$	$\cosh(\omega t)$
14	$\frac{1}{s(s + a)}$	$\frac{1}{a}(1 - e^{-at})$
15	$\frac{1}{(s - s_1)(s - s_2)}$	$\frac{e^{s_1 t} - e^{s_2 t}}{s_1 - s_2}$
16	$\frac{s}{(s - s_1)(s - s_2)}$	$\frac{s_1 e^{s_1 t} - s_2 e^{s_2 t}}{s_1 - s_2}$
17	$\frac{1}{s^2 + 2\delta s + \omega_o^2}$	$\frac{1}{\omega_e} e^{-\delta t} \sin(\omega_e t)$
	$\omega_o^2 - \delta^2 > 0$	$\omega_e = \sqrt{\omega_o^2 - \delta^2}$
18	$\frac{1}{s^2 + 2\delta s + \omega_o^2}$	$\frac{1}{\omega_e} e^{-\delta t} \sinh(\omega_e t)$
	$\omega_o^2 - \delta^2 < 0$	$\omega_e = \sqrt{\delta^2 - \omega_o^2}$
19	$\frac{1}{(s + a)^2}$	$t\, e^{-at}$
20	$\frac{s}{(s + a)^2}$	$(1 - at)\, e^{-at}$
21	$\frac{1}{s(s^2 + 2\delta s + \omega_o^2)}$	$\frac{1}{\omega_o^2}\left[1 - \frac{e^{-\delta t}}{\omega}(\delta \sin(\omega t) + \omega \cos(\omega t)\right]$
	$\omega_o^2 - \delta^2 > 0$	$\omega = \sqrt{\omega_o^2 - \delta^2}$

Nr.	F(s)	f(t)
22	$\dfrac{1}{s(s^2 + 2\delta s + \omega_o^2)}$	$\dfrac{1}{\omega_o^2}\left[1 - \dfrac{e^{-\delta t}}{\omega}\left\{\delta \sinh(\omega t) + \omega \cosh(\omega t)\right\}\right]$
	$\omega_o^2 - \delta^2 < 0$	$\omega = \sqrt{\delta^2 - \omega_o^2}$
23	$\dfrac{1}{(s-a)(s-b)(s-c)}$	$\dfrac{e^{at}}{(a-b)(a-c)} + \dfrac{e^{bt}}{(b-a)(b-c)} + \dfrac{e^{ct}}{(c-a)(c-b)}$
24	$\dfrac{s}{(s-a)(s-b)(s-c)}$	$\dfrac{a\,e^{at}}{(a-b)(a-c)} + \dfrac{b\,e^{bt}}{(b-a)(b-c)} + \dfrac{c\,e^{ct}}{(c-a)(c-b)}$
25	$\dfrac{s^2}{(s-a)(s-b)(s-c)}$	$\dfrac{a^2 e^{at}}{(a-b)(a-c)} + \dfrac{b^2 e^{bt}}{(b-a)(b-c)} + \dfrac{c^2 e^{ct}}{(c-a)(c-b)}$
26	$\dfrac{1}{s(s^2 + \omega^2)}$	$\dfrac{1}{\omega^2}\left[1 - \cos(\omega t)\right]$
27	$\dfrac{1}{s(s^2 - \omega^2)}$	$\dfrac{1}{\omega^2}\left[\cosh(\omega t) - 1\right]$
28	$\dfrac{2\omega^2}{s(s^2 + 4\omega^2)}$	$\sin^2(\omega t)$
29	$\dfrac{s^2 + 2\omega^2}{s(s^2 + 4\omega^2)}$	$\cos^2(\omega t)$
30	$\dfrac{\omega^3}{(s^2 + \omega^2)^2}$	$\dfrac{1}{2}\left[\sin(\omega t) - \omega t \cos(\omega t)\right]$

Nr.	F(s)	f(t)
31	$\frac{\omega^3}{(s^2-\omega^2)^2}$	$\frac{1}{2}\left[\omega t\cosh(\omega t) - \sinh(\omega t)\right]$
32	$\frac{\omega s}{(s^2+\omega^2)^2}$	$\frac{1}{2} t\sin(\omega t)$
33	$\frac{\omega s}{(s^2-\omega^2)^2}$	$\frac{1}{2} t\sinh(\omega t)$
34	$\frac{\omega s^2}{(s^2+\omega^2)^2}$	$\frac{1}{2}\left[\sin(\omega t) + \omega t\cos(\omega t)\right]$
35	$\frac{\omega s^2}{(s^2-\omega^2)^2}$	$\frac{1}{2}\left[\sinh(\omega t) + \omega t\cosh(\omega t)\right]$
36	$\frac{s^3}{(s^2+\omega^2)^2}$	$\cos(\omega t) - \frac{\omega t}{2}\sin(\omega t)$
37	$\frac{s^3}{(s^2-\omega^2)^2}$	$\cosh(\omega t) + \frac{\omega t}{2}\sinh(\omega t)$
38	$\frac{s^2+\omega^2}{(s^2-\omega^2)^2}$	$t\cosh(\omega t)$
39	$\arctan(\frac{\omega}{s})$	$\frac{\sin(\omega t)}{t}$
40	$\ln\sqrt{\frac{s+\omega}{s-\omega}}$	$\frac{\sinh(\omega t)}{t}$
41	$\ln\frac{s+a_1}{s+a_2}$	$\frac{e^{-a_2 t} - e^{-a_1 t}}{t}$
42	$\ln\sqrt{\frac{s^2+\omega_2^2}{s^2+\omega_1^2}}$	$\frac{\cos(\omega_1 t) - \cos(\omega_2 t)}{t}$

B) Einige Einzelimpulse, bzw. periodische Zeitfunktionen und ihre Laplace-Transformierten

Nr. — f(t) — F(s)

1

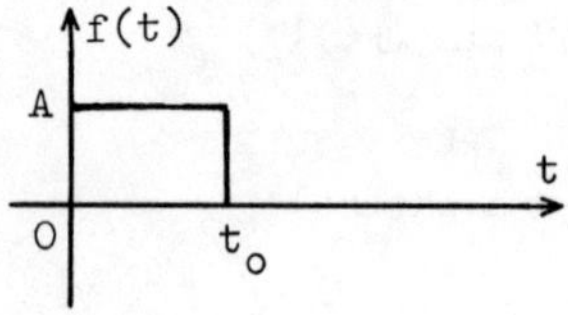

$$\frac{A}{s}\left[1 - e^{-st_o}\right]$$

2

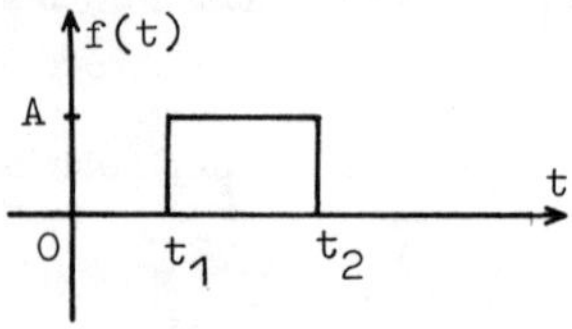

$$\frac{A}{s}\left[e^{-st_1} - e^{-st_2}\right]$$

3

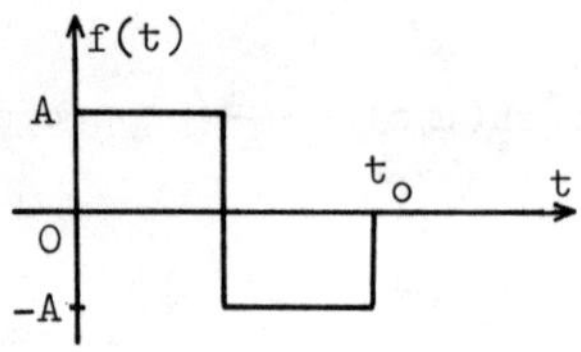

$$\frac{A}{s}\left[1 - e^{-st_o/2}\right]^2$$

4

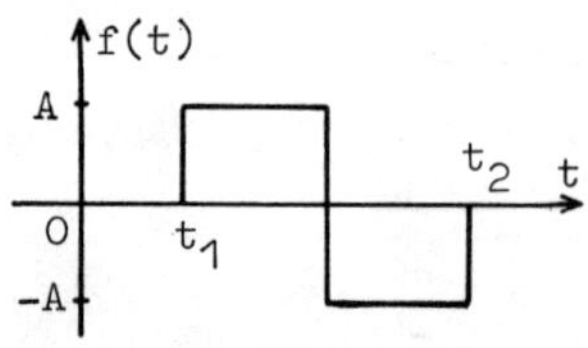

$$\frac{A}{s}\left[e^{-st_1/2} - e^{-st_2/2}\right]^2$$

5

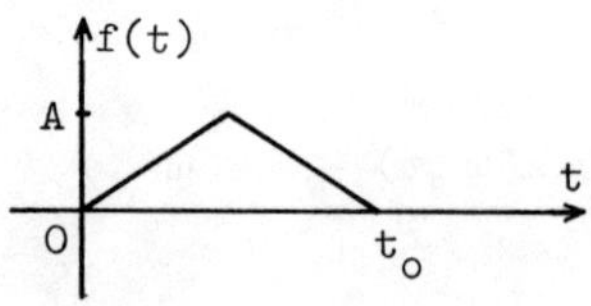

$$\frac{2A}{t_o}\cdot\frac{1}{s^2}\left[1 - e^{-st_o/2}\right]^2$$

Nr.	f(t)	F(s)

6

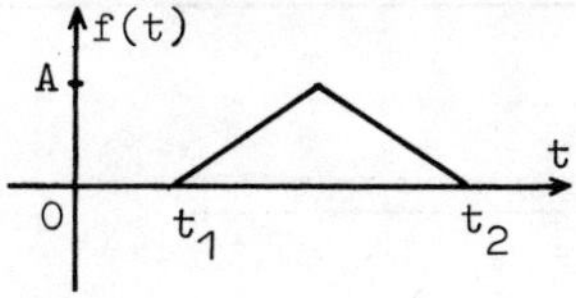

$$\frac{2A}{t_2 - t_1}\cdot\frac{1}{s^2}\left[\, e^{-st_1/2} - e^{st_2/2} \right]^2$$

7

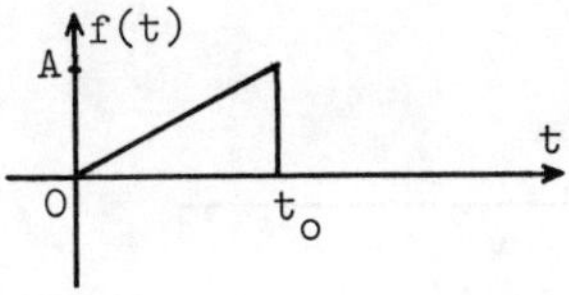

$$\frac{A}{t_o}\cdot\frac{1}{s^2}\left[1 - e^{-st_o}\right] - \frac{A}{s}e^{-st_o}$$

8

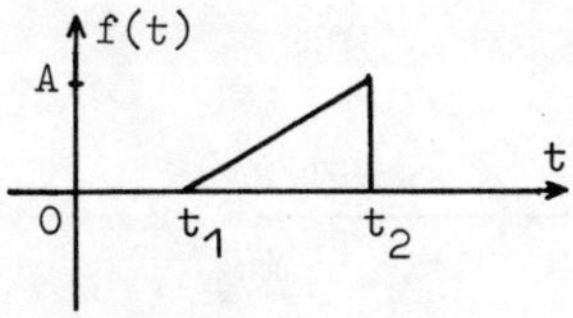

$$\frac{A}{t_2 - t_1}\cdot\frac{1}{s^2}\left[e^{-st_1} - e^{-st_2}\right] -$$
$$- \frac{A}{s}e^{-st_2}$$

9

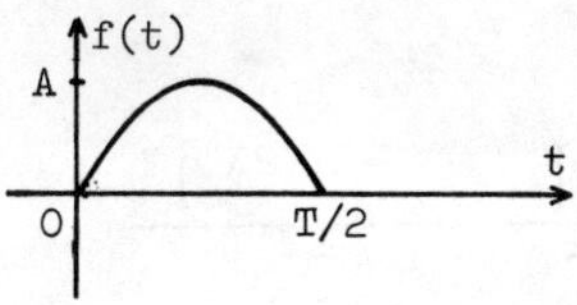

$$\frac{A\,\omega}{s^2 + \omega^2}\left[\, 1 + e^{-sT/2} \right]$$

10

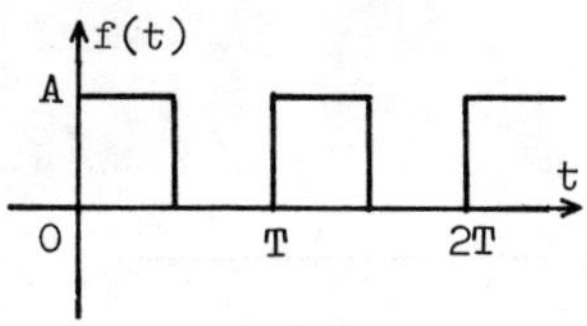

$$\frac{A}{s}\cdot\frac{1}{1 + e^{-sT/2}}$$

11

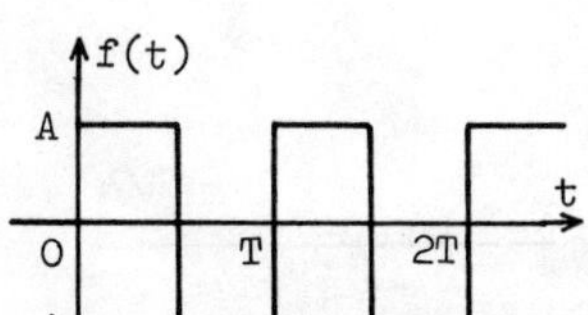

$$\frac{A}{s}\cdot\frac{1 - e^{-sT/2}}{1 + e^{-sT/2}}$$

Nr.	f(t)	F(s)
12	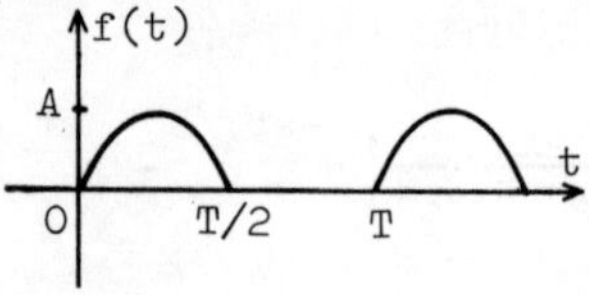	$\frac{A\omega}{s^2 + \omega^2}\cdot\frac{1}{1 - e^{-sT/2}}$
13	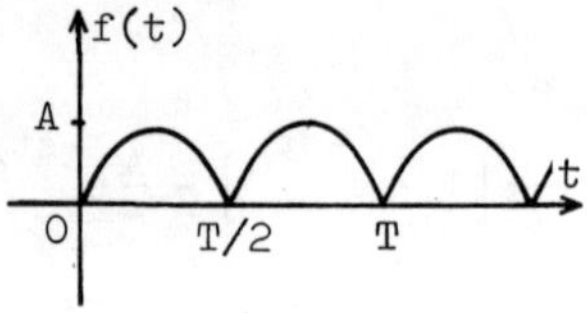	$\frac{A\omega}{s^2 + \omega^2}\cdot\frac{1 + e^{-sT/2}}{1 - e^{-sT/2}}$
14	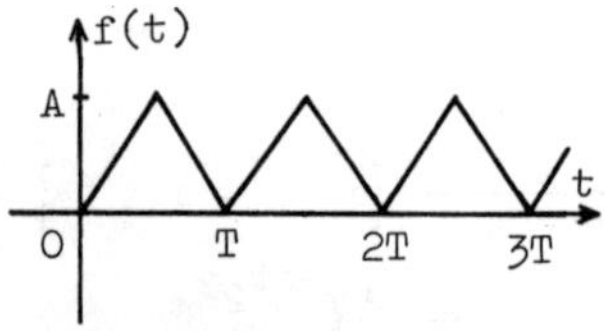	$\frac{2A}{T}\cdot\frac{1}{s^2}\cdot\frac{1 - e^{-sT/2}}{1 + e^{-sT/2}}$
15	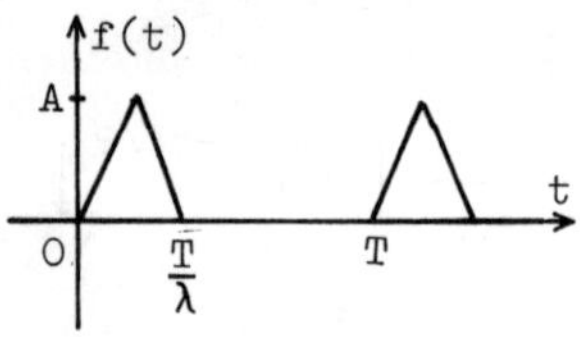	$\frac{2A\lambda}{Ts^2}\cdot\frac{\left[1 - e^{-sT/(2\lambda)}\right]^2}{1 - e^{-sT}}$
16	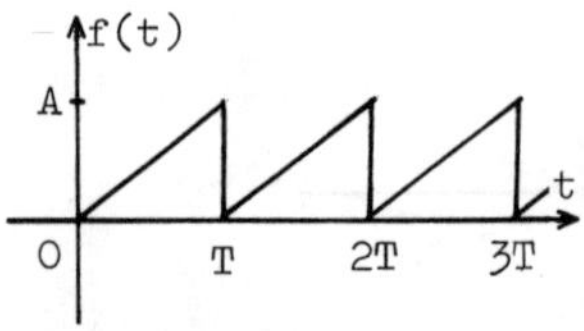	$\frac{A}{Ts^2}\cdot\frac{1 - (1 + sT)\,e^{-sT}}{1 - e^{-sT}}$
17	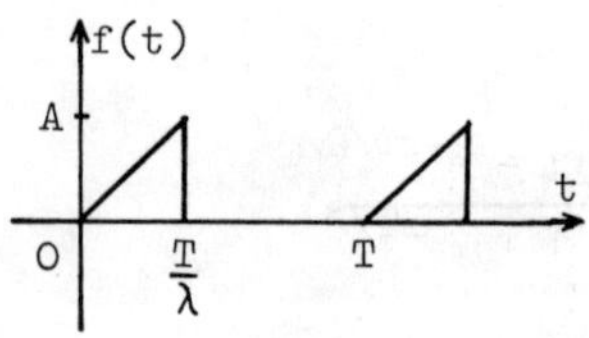	$\frac{A}{Ts^2}\cdot\frac{\lambda - (\lambda + sT)\,e^{-sT/\lambda}}{1 - e^{-sT}}$

Weiterführende Bücher

[1] Ameling, W.: Laplace-Transformation, 3. Aufl. Düsseldorf 1984

[2] Brauch, W./Dreyer, H.-J./Haacke, W.: Mathematik für Ingenieure des Maschinenbaus und der Elektrotechnik, 7. Aufl. Stuttgart 1985

[3] Brigham, E. Oran: FFT: Schnelle Fouriertransformation, 3. Aufl. München 1987

[4] Doetsch, G.: Anleitung zum praktischen Gebrauch der Laplace-Transformation und der Z-Transformation, 5. Aufl. München 1985

[5] Doetsch, G.: Einführung in die Theorie und Anwendung der Laplace-Transformation, 3. Aufl. Basel 1976

[6] Föllinger, O.: Laplace- und Fouriertransformation, 4. Aufl. Berlin 1986

[7] Frohne, H.: Einführung in die Elektrotechnik
Band 1: Grundlagen und Netzwerke, 4. Aufl. Stuttgart 1982
Band 2: Wechselstrom, 4. Aufl. Stuttgart 1985

[8] Holbrook, J.: Laplace-Transformation, 3. Aufl. Braunschweig 1984

[9] Löhr, H.J.: Beispiele und Aufgaben zur Laplace-Transformation, Braunschweig 1979

[10] Marko, H.: Methoden der Systemtheorie, 2. Aufl. Berlin 1982

[11] Mildenberger, O.: Grundlagen der Systemtheorie für Nachrichtentechniker, München 1981

[12] Pregla, R./Schlosser, W.O.: Passive Netzwerke, Stuttgart 1972

[13] Spiegel, M.: Laplace-Transformationen, Düsseldorf 1977

[14] Unbehauen, R.: Systemtheorie, 4. Aufl. München 1983

[15] Vaske, P.: Übertragungsverhalten elektrischer Netzwerke, 3.Aufl. Stuttgart 1983

Formelzeichen

A_i, B_i	Residuen
C	Kapazität
$\underline{F}$	Frequenzgang
$F\{\}$	Symbol für Fourier-Transformation
$F^{-1}\{\}$	Symbol für inverse Fouriertransformation
f(t)	Zeitfunktion, Originalfunktion
F(s)	Bildfunktion, Laplace-Transformierte
$F(\omega)$	Spektralfunktion
g(t)	Gewichtsfunktion
G(s)	Übertragungsfunktion
i(t)	Strom
j	imaginäre Einheit
k	Kopplungsgrad
L	Induktivität
$L\{\}$	Symbol für Laplace-Transformation
$L^{-1}\{\}$	Symbol für inverse Laplace-Transformation
M	Gegeninduktivität
R	Wirkwiderstand
s	Bildvariable
t	Zeitvariable
T	Periodendauer
U_o	konstante Spannung
u(t)	Spannung
$u_a(t)$	Ausgangsspannung
$u_e(t)$	Eingangsspannung
x(t)	Eingangssignal
y(t)	Ausgangssignal
Y	Leitwert
Z	Scheinwiderstand
β	Konvergenzabszisse
δ	Abklingkonstante
$\delta(t)$	Impulsfunktion
$\varepsilon(t)$	Sprungfunktion
ϑ	Dämpfungsgrad
σ	Realteil der Bildvariablen
τ	Zeitvariable, Impulsdauer
φ	Phasenwinkel
ω	Kreisfrequenz
ω_e	Eigenkreisfrequenz
ω_o	Kennkreisfrequenz

Sachregister